欲望心理学

PSYCHOLOGY ON DESIRE

周一南 著

古吴轩出版社
中国·苏州

图书在版编目（CIP）数据

欲望心理学 / 周一南著. — 苏州：古吴轩出版社，2017.12（2019.4重印）
ISBN 978-7-5546-1043-5

Ⅰ.①欲… Ⅱ.①周… Ⅲ.①欲望－通俗读物 Ⅳ.①B848.4-49

中国版本图书馆CIP数据核字（2017）第274299号

责任编辑：王　琦
见习编辑：薛　芳
策　　划：马剑涛
装帧设计：润和佳艺

书　　名：**欲望心理学**
著　　者：周一南
出版发行：古吴轩出版社
　　　　　地址：苏州市十梓街458号　　邮编：215006
　　　　　Http://www.guwuxuancbs.com　　E-mail: gwxcbs@126.com
　　　　　电话：0512-65233679　　传真：0512-65220750
出 版 人：钱经纬
印　　刷：三河市天润建兴印务有限公司
开　　本：710×1000　1/16
印　　张：14
版　　次：2017年12月第1版
版　　次：2019年4月第3次印刷
书　　号：ISBN 978-7-5546-1043-5
定　　价：42.00元

如有印装质量问题，请与印刷厂联系。0316-3654596

序言

弗洛伊德说过："人类是充满欲望并受欲望驱使的动物。"从中不难看出，每个人都有自己的欲望。从基本的生活需求到对富足生活的渴望，从家庭生活到社会交往，从同事相处到朋友谈心，欲望时时处处都显示着它的存在感。

生活在社会上，我们需要太多太多的东西去满足生活所需，在得到满足之前，这些欲望总在驱使我们不断努力向前；当我们满足一个欲望之后，又会有另一个欲望接踵而至。在一连串欲望的驱使下，我们想要的越来越多，被欲望支配的程度也越来越深。比如，当我们有了蔽体的衣服之后，会对质优而美丽的衣服产生渴望；当我们挣到第一个月工资之后，会希望下一月的工资更多一些；当我们有了朋友之后，会向往拥有更多的朋友；等等。在这样的环境中，任何一个想要远离欲望或是不愿承认受到欲望支配的人，都注定了是在痴人说梦。

美国精神病学家戈登·李文斯认为："做一个有所期望、能爱他人、有事可做的人，你才能把事情做好。"这说明欲望的存在不但十分必要，而且具有积极的意义。

有些人一提起欲望，总会想到一些不好的事情，总觉得毫无止境的欲望会将人引向歧途。这种看法不无道理，但又有失偏颇。某些不法分子确实会为了金钱、仇恨等不良欲望而作奸犯科，但是我们更应该看到那些为了自己的理想而终生奋斗的化学家、物理学家、文学家等，他们同样是受到欲望的驱使而为人类社会做出了巨大的贡献。

欲望是人内心深处的种种渴望，从本质上说并没有好坏之分。追求金钱去改善自己的生活，这无可厚非，可是如果为了得到金钱而不择手段，为了自己的"钱"途，不惜贱卖人品，成为种种坏欲望的忠实奴隶，那么欲望就已经发生了质变。从这个角度来说，对欲望的掌控一定要把握好度，只要能正确认识欲望、控制欲望，让其发挥正面、积极的推动作用，我们的人生就会因欲望而变得更加美丽多彩。

本书能够教你如何透过对方的相貌、表情、动作、语言、衣着等方面的蛛丝马迹来判断他的欲望，进而看穿他真实的内心世界。无论是在社会上行走，还是在社交场合中穿梭，只要能够看穿欲望，那么所有的疑惑和难题都将消失不见，你必能成为交际场上的太阳，散发出耀眼的光芒。

当然，欲望是一个历久弥新的话题，从古至今，没有人能对它做出十分精确的评判。对于自己的欲望，总希望能够得到最大化的满足；对于别人的欲望，则希望不要过于贪婪，知足常乐。看待欲望的角度不同，对欲望的评判自然也就有所不同。但是无论如何，能够了解欲望、看透欲望，我们终究都会从中获益。只要读者能从书中得到任何一点益处，这本书的出现便是有意义的。

第一章 欲望长啥样：练就火眼金睛，让隐藏的欲望无所遁形

- 002 相由心生：相貌不等于心态，但能反映心态
- 004 微表情：洞察欲望，抓住每一个细微的表情变化
- 006 动作的秘密：看透动作，就能看穿人心
- 009 超限效应：话不在多而在精，不做让人讨厌的"唐僧"
- 012 习惯成自然：从口头语中窥探人心欲望
- 015 色彩心理学：衣服的颜色折射人的心理
- 018 戳穿谎言：精妙的谎言背后，隐藏着种种欲望
- 021 侧目旁观：在别人面前的他，才是那个真实的他吗
- 023 **心理测试**

第二章 透视欲望：做交际场上的太阳，吸引别人围着自己转

- 026 感觉剥夺实验：交际能力与个人成就有着密不可分的关系
- 029 首因效应：人人都想用好第一印象这块"敲门砖"
- 032 刺猬法则：因为关系好，你就能侵占我的空间吗
- 035 暗示效应：用心理暗示诱导人心
- 037 尊重对方：渴望金钱，更渴望获得尊重
- 040 多看效应：频繁露面，只为留下更深的印象
- 043 自嘲法则：丢脸没什么，涮涮自己赢人心
- 046 特里法则：不要小瞧了"对不起"这三个字
- 049 **心理测试**

第三章　掌控欲望：欲望的好坏，往往只在一念之间

052　情绪定律：不懂什么叫理性的人，才会说自己理性

055　野马结局：被人激怒，尽力克制发泄怒火的欲望

058　破罐子破摔：看似无欲无求，实为丧失自信

061　蝴蝶效应：有堵必疏，才能避免压力"决堤"

064　条件反射：不经意间展现真实欲望

067　愤怒效应：所谓"以牙还牙"，无非是发泄怒气的借口而已

070　巴纳姆效应：总以自我为中心，才会上了算命先生的当

073　墨菲定律：越怕什么，越来什么

076　泰然自若：任他风吹浪打，情绪河里不翻船

079　詹森效应：没人想关键时刻掉链子

081　**心理测试**

第四章　受赞欲望：追求赞美的"糖衣"，留意隐藏的"炮弹"

084　距离效应：甜言蜜语背后的剑最伤人

087　先扬后抑：赞誉固然可喜，却不可被其迷住眼睛

090　赞美陷阱：赞美的花丛夹道，谨防一脚踏空

093　阿谀奉承：拍马屁是人际关系的润滑剂，但请别滥用

095　"绑架"策略：夸你几句，你就得乖乖就范

098　阿伦森效应：夸奖的话不能一次说完

100　小心"高帽"：虚荣心理难避免，程度适当显智慧

103　**心理测试**

第五章　博弈人生：追逐利益是本性，掌握规律才可得

106　边际效益递减规律：利益减少，让对方先着急

108　互惠原则：做出让步的时候，有必要附加一些条件

110　马太效应：胜利者多助，失败者寡助

112 登门槛效应：得寸进尺分两面，正确利用价值观

115 华盛顿合作定律：只顾个人利益，注定两手空空

117 权威效应：盲目相信权威，就是自寻死路

119 拆屋效应：退而求其次的欲望表达

121 达维多定律：无法创造价值，那就注定被淘汰

123 **心理测试**

第六章 交友见欲望：朋友能为你两肋插刀，也可能背后插你两刀

126 效用心理：想交朋友，先得对人有用才行

129 自己人效应："自己人"可以迅速拉近彼此的心理距离

131 改宗效应：朋友有错，必须旗帜鲜明地表示反对

133 鲶鱼效应：有几个"捣蛋"的朋友，团体的活力更强

135 过度理由效应：不要把所有的事情都视作理所应当

137 瀑布心理效应：说者无心，听者有意

140 社交恐惧心理：想和陌生人交朋友，必须克服恐惧心理

142 热炉效应：触碰底线的朋友，不交也罢

145 英雄崇拜：人们都喜欢与比自己优秀的人做朋友

147 **心理测试**

第七章 钱能鉴人：帮你看清金钱背后那赤裸裸的欲望

150 凡勃伦效应：价格越高，越受人欢迎

153 财务分清：亲兄弟，明算账，"斤斤计较"不伤感情

155 棘轮效应：过度放纵的消费习惯，必然导致坐吃山空

158 "剁手党"的困惑：购物成瘾，见到东西就想"买买买"

160 享乐跑步机现象：金钱是个"两面派"，想看哪面自己选

163 做个"铁公鸡"：守财奴都爱一毛不拔的生活方式

165 仇富心理：人人都有金钱欲，仇富并不是穷人的专利

167 拜金主义：渴望更好的生活，合理追求金钱不可耻

169 **心理测试**

第八章　剖析欲望：没必要大惊小怪，每个人心里都有欲望的"黑点"

172 禁果效应：越是被禁止，越会想方设法去探求

174 旁观者效应：乐见别人帮助受困者，自己只做旁观者

176 青蛙效应：过于享受安乐，终将死于安乐

179 从众心理：随大流是种难以摆脱的潮流

181 帕金森定律：助手"无能"，才不会彰显领导的平庸

184 半途效应：欲望不强，导致半途而废的人比比皆是

187 **心理测试**

第九章　把控欲望：把黑暗隐藏起来，畅享脱胎换骨的新生

190 延迟满足效应：忍一忍，更大的满足在后面

193 鸟笼逻辑：惯性思维作祟，令欲望支配行为

196 晕轮效应：关注闪光点，其他全忽略

199 布里丹毛驴效应：学会取舍，鱼和熊掌不可兼得

201 近因效应：无关偏见，关乎短时记忆

204 破窗效应：坚决抵制和惩处第一个"打破窗户"的人

207 心理定式：揉碎固有观念，发现更多可能

210 投射效应：在小人眼里，所有人都是小人

212 **心理测试**

第一章

欲望长啥样

练就火眼金睛,让隐藏的欲望无所遁形

说到欲望,很多人的
第一反应都是"十分深奥,难以琢磨"。
实际上,
欲望是很难隐藏的,
透过一个人的相貌、表情、动作、
语言、服装等,
都能洞察他的欲望心理。

相由心生：相貌不等于心态，但能反映心态

人的心态和相貌之间有着千丝万缕的联系，通过一个人的相貌，多多少少能够了解一些他的心态，看出他的某些欲望，这将有助于我们更加准确地认识一个人。

在生活中，我们常常能够看到一些以相面为生的人，他们通过观察人们的面相或手相，就能推算出人的旦夕祸福，为人们消弭灾难。其实这是一种迷信的说法，是封建社会流传下来的糟粕，没有任何的科学依据，所以不能盲目相信。

但是，人的面相和心态之间存在某些联系却是千真万确的。这是因为，人的思想及心理都会在脸上有所呈现。比如说，小偷给人的印象是胆小猥琐、贼眉鼠眼，军人给人的印象则是坚毅顽强、勇敢正直。这种差别的出现，与他们各自的心态有着极大的关系。小偷做坏事，总是怕被人抓，心中难免会有恐惧感，反映在脸上就是非常胆小；而军人做事光明磊落，心中十分坦荡，自然会以正面的形象出现。由此可见，人的相貌确实能在一定程度上反映人的心理状态。

"相由心生"这个成语，源自一个典故，讲的是唐朝人裴度的故事。

据说，裴度小时候家境贫寒，经常连饭都吃不上。有一天，裴度正走在路

上，迎面走来了一位高僧。高僧观察了裴度的相貌之后，发现了一个问题——裴度的嘴角纵纹一直延伸到嘴里，因此他认定裴度将来会饿死。于是，高僧劝裴度要努力研习佛道。裴度听了之后，便遵照高僧的劝诫，潜心修行佛道。

过了一段时间，裴度再次遇到了高僧。高僧发现他的相貌已经有所改变，而且目光如炬，便说裴度日后一定能够加官晋爵、功成名就。日后，裴度果然做了宰相，成为一代名臣。

按照高僧的意思，裴度的相貌之所以发生变化，和他不断追求善意、改变心态有着密不可分的关系。

虽然"相由心生"的说法难免有些唯心主义的倾向，可是在实际应用中，通过观察人的相貌，确实能够看出一个人的心态，是一种了解对方心理活动的极佳技巧。

人的眼睛、下巴、笑容等流露出的神态，都能在不同程度上反映出人的心态。"暗送秋波""颐指气使""皮笑肉不笑"等自古流传下来的成语或俗语，都很好地诠释了神态和心态之间的关系。

通过一个人的相貌去了解他的心态，这是一个并不容易的技术活，仅凭理论上的理解并不能真正看清一个人的真实面目。但是，从心理学上来说，"相由心生"的说法确实有一定的道理，任何一个人的面部都能或多或少地反映出他的心理状态和所思所想。毕竟，心态阳光，脸上展现的就是生机和活力，给人一种积极向上的感觉；心态消极，脸上难免乌云密布，让人产生压抑和烦躁的情绪。

凡此种种外在的表现，虽然不能确切地反映人的欲望，却是一个了解人的欲望的极佳辅助手段，需要我们在人际交往中加以学习和运用。

微表情：洞察欲望，抓住每一个细微的表情变化

> 表情变化是一个人心理变化的外在反映，它和人的欲望有着极为密切的关系。注意观察对方表情方面的细微变化，能看穿他那飘忽不定的欲望。

诺贝尔奖获得者、法国著名心理学家科瑞尔曾经说："我们总能看到很多陌生的面孔，这些面孔总能反映人的心理状态。随着年龄的不断增长，反映出的心理会越发清晰起来。人的面孔就像一台显示器，能够展现人的情感、欲望、渴求等所有的心理活动。"

这里所说的面孔，指的并不是静态的脸，而是出现在人脸上的表情。人的内心世界是非常细腻的，时时刻刻都有十分微妙的变化。要想掌握这种变化，不必非得潜入内心深处进行探查，更何况，这是根本行不通的事情。其实，通过另外一种方式——观察人的表情变化，完全可以达到这个目的。要知道，在每一个细微的表情背后，都隐藏着一些欲望的秘密。比如说，一个人的眉毛上挑，这通常说明他有所疑惑；一个人的眼神游移，这时常意味着他不知所措、没有应对的办法；一个人噘起嘴，这一般表示他生气、愤怒；等等。了解了表情变化的含义，就能准确地解读人的心理世界，抓住那转瞬即逝的欲望变化。

通常情况下，人们会十分重视大体的表现，而对某些细微的表情变化却并没有予以关注。殊不知，正是由于这些细微的变化难以掩饰、不好控制，才

成为内心世界的真实反映。高兴时大笑，悲伤时痛哭，愤怒时面孔扭曲，嫉妒时冷嘲热讽……透过这些常见的表情，我们能够看到一个人当时的心理状态。然而，这些表情的出现，究竟是真是假？背后是不是隐藏着什么不可告人的秘密？这就需要我们进行更加细致的观察，通过微表情的变化来进行更加准确的判断。比如，倘若一个人哭的时候嘴角还带着一丝笑意，这就说明他的哭并非发自内心。

在判断一个人的心理状态时，我们很容易被表象欺骗，这是因为有很多人不愿意让人看到自己的内心世界，对自己的表情做了一定程度的隐藏。这种做法是人的一种正常心理反应，这样做的目的也是多种多样的。有的是为了掩饰自己的自卑，有的是为了表现自己的坚强，有的是为了实现某个目标，有的是为了达到某种不可告人的目的。总之，每个人都会在不经意间掩饰自己的心理状态，以自认为最好的形象出现在人们面前。

在某些情况下，有些人会表现得面无表情，如同石像一般。面对这种人，要谨记一句话：没表情不代表没感情。举例来说，我们常常会用"呆若木鸡"这个成语来形容别人，"木鸡"是不是就没有感情？当然不是，在"呆"的外表下，隐藏的其实是恐惧或惊讶的心理状态。因此，千万不要被"没有表情"的假象蒙蔽，越是没有表情的人，越是在压制自己心理的变化。

有些时候，一些人的表情太过丰富，既像哭又像笑，同时还带着严肃，给人一种难以捉摸的感觉。这种情况其实是人内心极度矛盾的一种真实反映，展现的是一种不知采取何种措施应对的矛盾心理。在《士兵突击》中，袁朗和许三多在争论成才的问题时，袁朗的表情突然从严肃变成笑出声来，就体现出一种"争也不是，不争也不是"的心理状态。

总而言之，人的表情具有非常丰富的表现形式，是交际中时常可以使用的交际手段之一。透过种种不同的微表情，能够洞察人的本性，看穿人的内心世界。可以说，微表情的变化不仅能体现出人的善恶、感情、智慧，也能表现出人的心理倾向，对了解一个人具有十分重要的意义。表情是人内心的一面镜子，只有时刻关注着它反射或折射出来的种种景象，才能让我们在交际圈中获得更多的认可、更多的资源，从而让交际之路越走越平坦、越走越宽广。

动作的秘密：看透动作，就能看穿人心

<u>人的每一个细小动作，哪怕只是一抬手、一投足，都反映着人的心理状态。身体是最诚实的，身体语言不会轻易撒谎。透过它，能够看穿人的心理；掌握它，可以鉴别人的欲望。</u>

加拿大心理学家唐纳德·赫布说过："当我说我非常气愤时，或许是真的气愤，或许是在说谎，或许是为了掩饰害怕，或许是几种因素都有。通过观察肢体动作，更有利于判断出人的真情实感。"人的每一个动作，都能反映出其心灵深处的动态，是一种能够展现心理变化的身体语言。在和别人交往时，只要对对方的一些身体动作多加留意，就能从中洞察对方的心思，即便是埋藏得很深的心理状态，也能从中窥探一二。

例如，一个人吐舌头、晃脑袋，都可能蕴藏着深层的心理含义。即便他没有说话，身体也会出现某种反应，这种反应是在不经意间出现的，通常难以隐藏。当然，就算他说话了，也不要将全部注意力都放在他所说的话上，而要时刻关注他的肢体语言，因为只有通过口头语言和肢体语言的相互印证，我们才能确认他说的话是不是真实的。关于这一点，我们在生活中都有十分深刻的体会：在打电话的时候撒谎，比当着对方的面撒谎容易得多。原因在于，对方只能听到我们的声音，而无法看到我们的动作，所以我们露出破绽的机会就少了很多。

在20世纪的美国，一位母亲曾经引起了人们广泛的关注。

这位母亲在一档新闻节目上说，她和孩子一起到郊外游玩，结果孩子被几个陌生人抢走。她发疯般地追赶那几个人的汽车，最后双脚都被磨破了，也没能追回自己的孩子。她祈祷自己的孩子不会受到伤害。

节目播出之后，很多人给这位母亲打来电话，表示安慰的同时也表示要给予她需要的帮助。很多人甚至自发组成了寻人团，希望能够找到这位母亲丢失的孩子，让一家人尽早团圆。

事情发展至此，这位母亲成为很多人同情和关照的对象。然而，几个月之后的变化却让人始料未及，甚至难以接受——这位母亲因虐杀儿童的罪名被警方逮捕了。

原来，这个在节目中表现得楚楚可怜的母亲，亲手杀害了自己的孩子并将其沉入湖底，之后又编造出一个根本就不存在的故事，以此牟取名利。

更出乎众人预料的是，首先对这位母亲产生怀疑的并不是警方，而是一位十分喜好心理学的观众。这位观众在观看新闻的过程中，注意到了这位母亲的一些微小的动作和表情——不断地揉眼睛和拽衣领，而这些小动作恰恰是人在撒谎时经常出现的，于是，这位观众将自己的发现报告给了警方。警方在调查之后，确定这位母亲就是杀害自己孩子的真凶，并最终将她绳之以法。

从这个案例可以看出，一个不经意的小动作，就可能"出卖"一个人，暴露其内心世界。这并非耸人听闻，而是经得起推敲和验证的事实。一个人说的话可能是假的，甚至他的表情也能进行刻意的伪装，但是他的肢体语言是不会撒谎的。任何一个不经意间出现的细小动作，都可能将他隐藏在心底的秘密泄露出来。

在生活中，我们不可避免地要与形形色色的人打交道，要想在交际场上常胜不败，成为一棵"交际常青树"，必须得在观察动作方面下一番功夫。人的很多动作都能真实地透露出其心里的秘密，通过动作研究人的心理，这是一门非常深奥而难以掌握的学问。在实际应用中，我们不可能做到对每一个细小的动作都有深入的研究，但是，了解和掌握一些相关的知识还是十分必要的。

能够解读人的动作语言会让我们受益良多，但是千万不能因为有了少许经验就开始飘飘然。人的动作多种多样，有很多我们难以预料的变化。也许他在前一秒还振臂高呼，下一秒却捶胸顿足起来。在这突然的变化之中，人的心理状态也相应出现了巨大的起伏。倘若对方的动作已经变化，而我们还停留在之前的状态之中，这必然会令对方心生不满，交际活动只能以失败告终。

能够读懂动作背后的秘密，会对生活的方方面面产生有益的影响，在与人交际方面更是有着非常积极的意义。一个不经意的动作，可能就是破译人心的密码，凭借它我们可以跨越人际交往中的"鸿沟"，离对方的心灵更近一步，从而有效唤起"共振"。有时也会成为捷径，帮助我们抵达事物的本质，从而获得事半功倍的效果。

超限效应：话不在多而在精，不做让人讨厌的"唐僧"

话多的人不一定受人欢迎，废话多的人一定让人讨厌。在讲话的时候，要以"质量"为本，而不能靠"数量"取胜。一旦变成令人厌烦的"唐僧"，就没有人愿意与你交谈了。

在交际的过程中，语言沟通是最为常见也是必不可少的一种交流方式。通过语言，我们可以更加直接地表达自己的想法，陈述自己的观点，让对方迅速而清晰地明白自己的态度。然而，说话的时候一定要把握好分寸，不能啰啰唆唆、口无遮拦，否则非但不会让对方接受你的观点，反而会让自己成为令人讨厌的对象。

语言的刺激太多、太强或是刺激的周期太长，都会令人产生极度烦躁和逆反的心理，在心理学上，这种情况被称为超限效应。也就是说，一旦你说的话超出了对方对美好的印象和预期，往往会产生反面的效果。

有一次，著名作家马克·吐温到教堂去参加募捐活动。刚开始的时候，牧师的演讲讲得很好、很感人，马克·吐温受到触动，准备把身上的钱都捐出去。但是十分钟过去了，牧师依然滔滔不绝地讲着。马克·吐温有些厌烦，决定只捐赠一些零钱。又一个十分钟过去了，牧师还在兴致勃勃地演讲，并且没有丝毫要停下来的意思。于是，马克·吐温决定一分钱都不捐赠了。最后，牧师终于结束了自己的长篇大论，开始进行募捐，马克·吐温感觉非常生气，他非但没捐钱，反而因为气愤从募捐盘里拿了两块钱。

牧师应该想不到，如果他早点结束自己的演讲，他能募集到的资金会多很多。牧师从自己的角度出发，希望让听众得到更多的资讯，更加理解自己的主张，却忽视了听众的感受，反而因为话多让很多人失去了兴趣。

一说起话多让人烦的例子，看过《大话西游》的人就会想起唐僧这个形象。唐僧的啰唆简直到了无以复加的地步，当他碎碎叨叨地说话时，身边的人感受到的是无尽的烦躁，更有甚者，很多小妖怪被他折磨得宁可选择自杀。即便如此，唐僧依然在说，说得所有人都对他充满厌恶。在电影中，导演为了体现良好的艺术效果，逗观众开怀大笑，所以对唐僧的啰唆进行了部分夸张，唐僧这样的人在实际生活中并不多见。但是，即便生活中出现的只是像马克·吐温遇到的牧师那样的一个人，很多人的反应肯定也是避之唯恐不及吧！

在实践中，很多人觉得重复能够加深印象，这和我们上学时不断重复的学习方法不无关系。从道理上来说，重复确实能够令对方的印象更加深刻，但是毫无节制的重复只会让人厌烦，常常使人出现"一只耳朵进，一只耳朵出"的情况，更有甚者，对方还会直接屏蔽掉你的讲话，这样一来，你讲再多都没有任何意义。举个简单的例子，看电视的时候，如果一个广告重复播放四五遍，相信很多人都会不胜其烦，进而直接换台了事。广告商们想给观众留下深刻的印象，结果观众们看都不看，广告产生的效果自然和他们的期望相距甚远。

因此，与人交谈时，一定要注意控制说话的节奏和时间，在尽量短的时间内传达出自己讲话的重要内容。假如交谈的时间太长，对方就会感到厌烦，使得谈话无法继续下去。在谈话的过程中，一旦发现对方的注意力分散，开始出现看表、东张西望、做些小动作的情况，就要暂停讲话，思考一下自己的讲话是不是已经超出了对方能够接受的范围，让对方失去了兴趣。倘若果真如此，那就要转移话题，不要再多说下去，因为此时的对方已经产生了厌烦的情绪，说得越多，越会令对方反感。

总之，无论何时何地，都要把握好讲话的度，注意超限效应给对方带来的影响。一旦越过界限，对方出现走神之类的现象就是再正常不过的了，此时千万不要因此而怪罪对方，而是要从自己身上找到原因所在。

习惯成自然：从口头语中窥探人心欲望

<u>口头语是在长期生活中形成的一种语言习惯，往往具有十分鲜明的个人特色。尽管很多人对自己的口头语并不在意，但它能够真实地反映人心欲望，暴露种种弱点。</u>

在人们的语言交流中，常常能够听到各种各样的口头语。口头语是人们经常使用的一种表达方式，是一种长期形成的语言习惯。可以说，口头语具有某些心理投射的功能，能在一定程度上反映出讲话者的内心世界。现代心理学的研究结果表明，口头语通常能够部分地体现一个人的性格，在人际交往中具有一定的作用。

作为一种在不知不觉间形成的说话方式，口头语已经成为很多人语言的重要组成部分，并且每个人的口头语都具有与众不同的风格。口头语和一个人的性格、生活经历、精神状态等息息相关，在逐渐形成的过程中已经打上了浓厚的个人烙印。

口头语是人们潜意识的条件反射，往往在不经意间脱口而出。恰恰是因为它的不经意性，才更加真实地反映出讲话者的真实心理，通过不同的口头语，我们可以大体了解讲话者的性格特征。下面介绍几类经常能够听到的口头语所反映的性格特征。

1. "我知道""我懂""我理解"

说这种口头语的人往往十分聪明,通常可以举一反三。他们具有很强的逻辑思维能力,反应十分灵敏,往往能从讲话者的言谈话语中领会对方的意思。但是,这类人具有十分固执的一面,有时候自信心很足,根本听不进别人的意见。

2. "我想""我要""我不清楚"

经常说这类口头语的人往往思想单纯,容易意气用事,有时候情绪很不稳定,让人觉得难以捉摸。

3. "不骗你""说真的""实话说"

经常说这类口头语的人通常缺乏自信,总担心别人不相信自己,因此总想强调事情是真实的。因为急于得到认可,所以这类人往往显得有些急躁,但是他们越是不断强调,越容易引起人们的怀疑。

4. "对""没错""有道理"

经常说这类口头语的人相当圆滑、世故,有时甚至稍微有些阴险。他们的口头语往往能使讲话的人放松警惕,进而将心里话全部倾诉出来。这时候,他们可能会抓住一个破绽,从而直接将讲话者置于死地。这类人表面看来十分温和,可是一旦自己的利益受损,马上就会变换一副嘴脸。

5. "嗯""啊""哦""呀"

经常说这类口头语的人可以分成两类:一类是思维反应相对较慢,讲话的时候需要时不时地梳理头绪,因此需要一些停顿;另一类是城府很深,为了避免讲话出现漏洞,出于谨慎的目的进行适当的停顿。

6. "听人说""我听说""一般来说"

经常说这类口头语的人一般都很圆滑,对人情世故有很深的理解。这类人在讲话的时候会给自己留出适当的余地,常常借助别人的口吻来表达自己的意思。

7. "也许吧""有可能""大概是"

经常说这类口头语的人很善于保护自己,在与人交往的过程中,一般不会出现语言方面的漏洞,相对比较老成,能够克制自己的情绪,在人际关系方面比较成功，是交际场上的"常青树"。

除了上述几类口头语，日常生活中能够听到的口头语还有很多，如一些言语污秽的口头语等，在这里就不再一一介绍。一旦对方的口头语出现脏字，我们对他就会产生厌烦感，失去了和他继续交往下去的意愿，也就没有继续研究其心理状态的必要了。

基本上每个人都有自己的口头语，只是有些人没有注意到而已。从某种意义上说，口头语已经成为人们生活中难以移除的一部分，它不仅在潜移默化地影响着人们的生活，也在悄然无息地暴露着人们的心理。在人际交往中，适当关注对方的口头语，对于了解对方能够起到事半功倍的效果，有助于我们占据交往的有利位置，更容易达到交际的目标。

色彩心理学：衣服的颜色折射人的心理

每个人对色彩都有不同的偏好，在社交场合穿着不同颜色的衣服，往往能够反映一个人不同的心理状态。了解色彩心理学，有助于了解一个人内在的欲望。

俗话说："佛靠金装，人靠衣装。"在现实生活中，人们往往会通过一个人的服装来判断其身份、地位、学识、品位等。穿着华贵的人，会让人觉得来自于富家大户；衣衫褴褛的人，难免被人当作乞丐。可见，良好的衣装更容易受到人们的青睐，能更好地推动交际活动的展开。在衣服的款式之外，颜色的选择也能折射出一个人的内心世界。色彩心理学是心理学中的一门正式学科，它通过人们喜欢的颜色来研究人们的心理活动。下面，就简单介绍几种常见的颜色所传达的信息。

1. 黑色

黑色是一种保护自己的颜色，身穿黑色衣服有助于抵制外界的影响，而对对方产生极大的影响。在想要命令或说服对方时，穿着黑色的衣服效果相对好一些。

2. 白色

白色象征着纯洁，具有坦诚、真挚的意思，身穿白色衣服让人觉得是一个十分愿意配合的人。但是，白色同时会给人一种冰冷的感觉，让人觉得不好接近。

3. 红色

红色给人充满活力、朝气蓬勃的感觉，通常会给人留下十分深刻的印象，如果希望对方能够牢牢记住自己，红色的衣服是比较好的选择。

4. 绿色

绿色象征着和谐、融洽，如果想进一步推进和对方的关系，可以穿绿色的衣服。但是，绿色的衣服对肤色的要求比较高，有些人穿起来并不一定好看。

5. 蓝色

深蓝色的衣服给人一种诚实可信、充满理性的感觉；浅蓝色的衣服则给人非常明快的感觉，喜欢穿浅蓝色衣服的人往往具有创造性。

6. 粉色

粉色的衣服能够激起对方的保护欲望，当女士想要展现自己温柔的一面，以便得到对方的保护时，穿粉色的衣服是比较适合的。

7. 黄色

黄色传达的是追求快乐和新鲜事物的信息，如果想和对方交往，对方恰恰又是一个喜欢新鲜事物的人，那么成功的可能性就会比较大。

8. 紫色

爱穿紫色衣服的人往往会按照自己的直觉做事，喜欢表现自己的与众不同，以此来赢得别人的关注。

9. 橙色

橙色能让人产生快乐的感觉，而且会让人觉得十分容易接近。出游时穿上橙色的衣服，能够让同行的人被快乐的情绪感染，增进彼此的感情。

10. 灰色

灰色在生活中非常常见，喜欢穿灰色衣服的人往往性格内向，做事非常低调，不愿抛头露面，而宁愿去做衬托"红花"的"绿叶"。

11. 褐色

很多人都不喜欢褐色，而喜欢穿褐色衣服的人往往对它有着非常深沉的爱，这类人大多性格倔强，不会轻易认输，但是有时会显得过于呆板。

通过上述的分析可以看出，服装的颜色确实能够反映一个人的品位和性格。我们可以通过一个人衣服的颜色来了解对方的性格，以便有的放矢地展开交流活动。当然，对方也可以利用这一点来了解我们，即便我们没有刻意选择衣服的颜色，有些人也能通过颜色来揣摩我们的心理。面对这种情况，我们可以通过挑选衣服的颜色来达到自己想要的效果，让对方顺着自己的暗示走下去。

随着社会的发展，人们对色彩心理学的研究逐渐多了起来，并将其研究成果运用到实践之中。通过对方衣服的颜色，我们可以了解对方的心理动态，以便更好地与之沟通和交往。

戳穿谎言：精妙的谎言背后，隐藏着种种欲望

凡是撒谎的人，心理都会出现波动，这细微的波动会通过各种外在的表现反映出来，只要细心观察，就不难识破对方的谎言。当谎言被识破，人的欲望也将随之暴露出来。

心理学大师弗洛伊德曾经说："任何一个感官健全的人，最终都会认同没有谁能长久地保守秘密。即便他闭口不言，他的手指也会说话，甚至连他身上的每一个汗毛孔都可能背叛他。"在很多法制节目中，当警察抓住犯罪嫌疑人时，很多犯罪嫌疑人都会选择沉默，无论警察问什么，他们都不说话。他们以为自己不说话，警察就拿他们没办法。还有些犯罪嫌疑人即便说话，也是回答一些无关痛痒的问题，一旦涉及关键问题，往往避重就轻，想要蒙混过关。然而，那些犯罪嫌疑人不过是异想天开而已。办案经验丰富的警察早就通过他们的种种表现看穿了他们的内心世界，戳穿了他们的谎言。

从人性方面来说，撒谎是很多人都不愿承认和面对的。因此，人们在撒谎时会不由自主地隐藏自己的内心世界，试图通过某些行为或语言来掩人耳目。然而，所谓"若想人不知，除非己莫为"，只要做了，终究会留下一些蛛丝马迹。我们恰恰可以通过那些人们撒谎时经常出现的行为或语言来了解撒谎者的心态，由此避免受到欺骗。

美国的一些心理专家曾经专门研究人在撒谎时的种种表现，结果发现，由于潜意识的作用，人们在撒谎时总会在不知不觉间留下一些破绽。即便撒谎者已经万分小心谨慎，这些破绽也会在不经意间暴露出来。经过整理和总结，发现下面三个特征在撒谎时经常出现。

1. 撒谎者会尽量避免使用第一人称

在撒谎时，人们自然而然地希望将自己从谎言中剥离出来，所以很少使用"我"这个人称代词。相信很多人都有这样的经历：当我们因为某些原因迟到时，通常会以"堵车"作为借口，在打电话给领导时，我们通常会说"堵车了，得迟到了"，而不会说"我被堵在路上了，估计要迟到"。这是因为，我们并非真的因为堵车而迟到，在找这个借口的时候，生怕露出马脚，于是不自觉地将自己剔除在外。

2. 撒谎者会尽可能不去讲述细节

这是因为，撒谎者编造谎言时有很大的心理压力，没有十足的底气，如果讲述细节，露出马脚的可能性就会很大。所以撒谎者会草草地找个借口，以此敷衍了事。仍然以"堵车"的借口为例，如果让撒谎者描述一下堵车的位置在哪里、几点开始堵车之类的具体情况，相信撒谎者肯定无法给出准确的答案。因为撒谎者根本就没有经历堵车，如果让他描述堵车的情况，恐怕连他自己也不会相信那些编造出来的话吧！

3. 撒谎者会刻意强调自己的消极情绪

撒谎的目的，很多时候是为了掩饰自己的过失，渴望得到别人的理解和原谅。强调愤怒、急躁之类的消极情绪，能够表达一种懊恼的态度，使人觉得自己的过错只是无心之失，从而更容易获得他人的谅解。在以"堵车"为借口的这个案例中，撒谎者到达公司之后，往往会说"这个车堵得，真是气死人了，害我白起那么早了"之类的话，借此表现自己完全没有预料到迟到的发生，以此博得众人的同情和谅解。

当然，仅仅通过这三个特征来判断一个人是否说谎，难免有失偏颇，毕竟有些撒谎高手能够很好地隐藏自己，他们能够做到不表现出三个特征中的任何一个。这就需要我们多加观察，借助前面讲过的那些识人技巧，对一个人进行全面而细致的判断。

通过各种因素的综合考量，相信我们一定能够准确辨识一个人的谎言，看穿他的心理，戳破他的本来面目，看透他真实的欲望所在。当然，想要做到这一点，我们需要不断历练和总结，经过时间的沉淀之后，就能相对轻松地看到谎言背后的欲望。

侧目旁观：在别人面前的他，才是那个真实的他吗

每个人都想在别人面前表现完美的自己，而且得到越多人的认可，就越有成就感。面对不同的交往对象，人们往往会表现出不同的状态，这是人的多面性所决定的。

在人际交往的过程中，很多人都有这样的感觉：交往的那个人在自己面前的表现和听到的关于他的信息之间总是无法画上等号。由此，很多人会有上当受骗的感觉，产生"在别人面前的他，才是那个真实的他"的想法，对对方也失去了基本的信任。换位思考一下，我们自己在每个人面前的表现都是一样的吗？我们能始终在人前人后保持一致吗？相信很多人的答案都是否定的，这是因为，每个人都想在交往的那个人面前展现最好的自己，而面对不同的人，我们会有不同的表现方式，如此一来，每个人对我们的印象各不相同也是十分正常的。

人生是一个巨大的舞台，每个人都有自己的角色。为了扮演好这个角色，一些人会倾尽所能，甚至为了成为主角而不择手段。因此，我们常常能够看到一些口蜜腹剑、两面三刀的人。

与人交往时，我们时常会听到"我绝对相信你""你是最值得信任的人"之类的话，听到这些话的时候，千万不要过于当真。要知道，没有人会轻易

地、绝对地相信一个人。他说出这样的话，很多时候只是他心中的一种期盼和愿望，期待你能成为那个值得信任的人，究竟信还是不信，还需要在日后的交往中进行考察和判断。你若认为这种考察仅仅通过面对面的交流就能进行，那就大错特错了。与其他人交往时，你的表现同样是对方关注和考察的对象。因此，我们可以对不同的人说不同的话，但是千万不要出现诋毁或攻击的言论。毕竟，世界上没有不透风的墙，任何一句话都可能传到你所攻击的那个人的耳朵里。一旦出现这种情况，交际活动就会受到极大的影响。

在交际过程中，即便面对同一个交际对象，每个人也会有不同的判断，当别人说他不好时，我们千万不能不加以思考就随声附和或表示赞同，而是要有自己的判断。因为每个人对别人的判断都带有自己的主观意识，难免出现以偏概全的现象。

正是因为种种"虚伪"的表现，人们对诚实、耿直、表里如一的人才会更加欣赏和欢迎。为了更好地考察一个人是否值得继续交往下去，从侧面进行了解就成了一个不可或缺的方面。与其他人相处时，如果能表现出良好的品行，不仅能增进朋友之间的感情，还能让那些对自己抱有敌意的人产生好感，从而拓宽自己的交际圈子，变成人际交往的赢家。

著名作家石康曾经指出："嘴上一套，心里一套，或是说了不做，做了不说，这便是一种无信誉的人生。"对于社会中的任何一个人而言，信誉都是交际中极为重要的一个组成部分。通过观察一个人与他人交往时的表现，能够更加客观地看出这个人是否具有良好的信誉，并对他是否值得深交做出准确判断，这比我们与他进行正面沟通更能看出他的本质。

明白了侧面观察的作用和意义之后，我们应该对自己的言行提高要求。无论当事人是否在场，我们都应该努力展现出最真实的自己。甚至，我们应该在当事人不在场的时候表现得更好一些，这样一来，对方会更加认同我们，我们就能赢得更多人的心，获得更多的支持。

心理测试

设想一下,你的朋友送给你一个精致的玻璃礼品,你捧着它小心翼翼地上了地铁。到下一站时,上地铁的人很多,一个人一不小心把你捧着的礼物碰坏了,让人意外的是,这个人还是你以前的邻居,这时候,你会有什么反应?

A. 管他是谁呢,大发脾气,把他骂得体无完肤
B. 得了!自认倒霉吧,把气憋在心里
C. 让他按照原价赔偿
D. 对他说"东西坏了没关系,人没受伤就行"

(结果分析)

选择A:在你的观念中,朋友关系只是暂时的,只有看得见、摸得着的财富才能让你觉得安全,朋友并没有你心爱的那些东西重要。正因为这样,你的朋友最后都与你变成了路人甚至是敌人。实际上,在处理人际关系方面,你的出发点就出现了偏差,所以即便你没有很强的敌对意识,你对人际关系也不会有十分强烈的需求。正因为你将朋友的位置放在了财富之下,具有这种重物不重情的观念,你的那些朋友才会觉得你不尊重他们,从而从你身边离开。假如你的这种观念没有改变,那么你的敌人只会越来越多。

选择B:在处理人际关系方面,你宁愿委曲求全,将委屈埋在心底。你很

怕和别人变成敌人，因为这种敌对的状态会让你产生巨大的心理压力和精神负担，而你又无法很好地处理这种关系。你宁愿忍让、后退，以维护大局。你很怕得罪别人，表面上你会自认倒霉，可是心里却十分气愤，只是不敢表现出来而已。你这种通过压抑自己的感情来维持人际关系的行为，对自己会造成极大的伤害。因为不想得罪人而压抑自己的感情，会让你变得越来越封闭，离人群越来越远。此时，所有人都会觉得你是一个异于常人的人，这会让你变得更加孤单和无助。在这个恶性循环的圈子里，你只会变得更加沉默、更加不合群。你还是尽早做出改变比较好。

选择C：在你看来，朋友之间的地位是平等的，彼此之间没有谁该畏惧谁、谁该服从谁的概念。所以，你在交际中的态度十分客观，保持中立。你不会预设一个观点，将自己的态度首先摆在众人面前，或者是先假设自己处于受害者的地位。你这样的处事方法，相信大部分人都能接受。但是，如果遇到的是一些非常注重自我的人，他们就会觉得你非常没有人情味，由此得罪对方。通常情况下，这种做法不会对你的人际关系有什么损害，但是也很难有进一步的发展。你让对方照价赔偿，这就说明他在你心中的地位不是很重要，还没到不用计较的程度。这会让对方觉得丢了面子，即便他脸上一团和气，心中难免会生出一些怨气，自然也会和你拉开一定的距离。

选择D：你是一个非常善良的人，十分注意对方的尊严和价值，让对方产生一种受到重视的感觉。正因如此，对方不仅会表示感谢，更会用同等甚至是更好的态度来对待你，把你看作关系最好的朋友。处理人际关系时，你把人的价值放在首位。在面对此类事情时，你会不由自主地站在相对客观的立场上来考虑整件事情的得失利弊。因为你重视朋友，顾及朋友的面子，因此你很受朋友的欢迎，人际关系十分融洽，很少有人与你为敌。

第二章

透视欲望

做交际场上的太阳,吸引别人围着自己转

生活在当世,
交际是一个展现自己、拓展人际关系
的绝佳机会。
在交际场合中,
好的品质往往能够提升个人的吸引力,
令其变成众人关注的焦点。
交际场上的种种表现,
完全可以展现不同的心理欲望。

感觉剥夺实验：交际能力与个人成就有着密不可分的关系

现代社会中，人和人之间的空间正变得越来越小，人与人之间的合作也变得越发紧密起来。在这样一个合作型的环境中，要想不与人交往，简直是痴人说梦。

随着社会的发展和进步，手机、电脑等高科技产品层出不穷，微信、E-mail等先进的联络手段逐渐走进人们的日常生活之中。世界仿佛正变得越来越小，人们的交际手段也变得越来越丰富多彩。然而，恰恰因为沟通更加便利了，人们反而不像以前通过写信、拍电报进行交流时那样充满期待了。

在现实生活中，我们身边的"宅男""宅女"正变得越来越多，他们不需要出门，每天在家里窝着，网上购物、看电影、读小说，自觉生活过得十分惬意，似乎完全不必和别人进行沟通和交流，一个人也能生活得很好。事实果真如此吗？当然不是！只要是社会中的一员，交际就是必不可少的一项工作和技能，"宅男""宅女"同样概莫能外。每个人的生活都是社会生活的一部分，只有创造社会价值，才能展现一个人的生存价值。一个人活在世上，至少得挣钱来保证基本的生活所需。无论是何种工作性质，不可避免地要与人产生交集，这时，交际活动就会不可避免地出现。倘若一个人将自己隔离在社会之外，那根本就是异想天开！

1954年，在加拿大麦克吉尔大学里进行了一个十分著名的实验——感觉剥夺实验。在这个实验里，心理学家给参加实验的人戴上半透明的护目镜，使其视觉受到影响；开启空气调节器，以其发出的单调的声音来剥夺实验对象的听觉；在实验对象的手臂上和手上分别套上纸筒套袖和手套，用夹板把实验对象的腿脚固定住，以此剥夺实验对象的触觉。实验对象独自待在实验室中，几个小时之后，他开始有些恐惧，继而出现了幻觉……在实验室里持续独处了三四天之后，实验对象出现很多病理心理现象：产生错觉或幻觉；注意力难以集中，反应木讷；出现紧张、焦躁、恐慌等情况。结束实验后实验对象需要调养几天才能恢复正常。

这个实验结果充分说明：人的大脑发育及成长、成熟是以与外界环境进行广泛接触为基础的。只有进行更多的社会化的接触，更真切地感受到我们是如何与外界联系的，人才有拥有更多力量的可能，从而得到更好的发展机会。

生活在社会中的人们，必须对交际活动产生正确的认识。如今企业在招聘人才时，并不是仅仅在乎学历和才干，对人际交往的考察也被纳入其中，成为很重要的一部分考查内容。在某些公司的认知中，人际交往能力已经成为一种十分重要的核心竞争力。这是因为，一个人的知识和经验只能决定他一个人能为公司做出多大的贡献，而他所拥有的人际交往能力往往决定着他身边的那些人总共能为公司做出多大的贡献。由此可见，一个人能够取得多大的成就，占据多高的位置，和他的人际交往能力有着密不可分的关系。

哈佛大学曾经对贝尔实验室的顶尖研究员进行调查，最终的结果是，那些广受认同的科研人才并没把自己的专业能力放在最为重要的位置，他们更注重培养和身边同事的亲密关系。这是因为，能够进入贝尔实验室的人，都是本行业的顶尖人才，在能力和才学方面，大家的差距并不大。在遇到棘手的课题时，一旦某个人无法打开思路，大家就会帮助他，这样无疑能够更顺利地开展工作。在平时的工作中，顶尖的科研人才已经建立起了广泛的人际关系，遇到困难时自然能够得到众人的帮助，而那些只靠自己的人，通常只能一条道走到黑，直到撞上南墙才知道回头。两者相比，马上就能判断孰优孰劣。

无论你身处哪个行业，居于何种职位，人际交往能力都是体现个人实力的一个重要方面。在平时的生活和工作中，这一点的体现或许并不突出，但是在关键时刻，人际关系较广的人无疑会得到更多的帮助，也更加容易达成目标、取得成功。所以，如果想做一个成功人士，就不要忽略人际交往的重要性，而要时时刻刻注意培养自己的交际能力，通过交际获得更加完美的人生。

透视欲望：做交际场上的太阳，吸引别人围着自己转 第二章

首因效应：人人都想用好第一印象这块"敲门砖"

<u>首因效应往往带有强烈的主观色彩，对人的判断难免片面化，但是它的好坏对于交往的成败具有十分重要的意义，因此在某些时候有意识地修饰自己也是很有必要的。</u>

首因效应有时又被称作第一印象的作用，指的是第一次与人或事接触时，在心理上会对人或事产生某种带有感情色彩的印象，这种印象会对以后对这个人或这件事的评价产生某种影响。因此，在与陌生人首次接触时，一定要尽量地给对方留下一个良好的印象，这对于以后进行更深层次的交往有着十分重要的意义。

心理学研究发现，与一个人首次见面，在不到1分钟的时间内就会产生第一印象，而最初的4秒时间里给对方留下的印象最为深刻。不要小瞧了这短短的几秒钟时间，别人对你的认识和判断大多由此而来。因此，即便你给别人留下的第一印象并非真实的自己，别人对你的印象也是难以改变的。

张强毕业于一所著名高校，在找工作的时候，因为他成绩优异、专业对口，所以从众多的求职者中脱颖而出，获得了面试的机会。张强十分自信能够凭借自己的才识和能力成功通过面试。面试当天，张强穿着上学时常穿的T恤

走进面试的房间，面对考官们的提问，他十分轻松，对答如流。面试结束，张强高兴地走出房间，自认为通过面试十拿九稳。

然而，一个星期之后，张强接到的却是他未被录用的电话。这让张强十分惊讶，心中更是充满了疑惑。他心有不甘，询问了一下他未被录用的原因。原来，他的着装过于随意，给面试官们留下的第一印象是他做事的态度很不严谨，在工作中可能会出现不专注的情况。正是这不好的第一印象，使得张强失去了这个工作机会。得知其中的原因之后，张强十分懊恼，他本以为靠着真才实学就能闯出一片天地，没想到却被首因效应拉下马来。

在应聘时，首先应该注意两点：第一是形象，那些相貌堂堂、风度翩翩的应聘者往往容易赢得好感；第二是谈吐，那些滔滔不绝、对答如流的应聘者通常会受到面试官的青睐。从某种角度来说，虽然首因效应往往带着浓厚的个人色彩，难免会有或好或坏的片面判断，对人的了解和分析不够客观，但是，只有通过面试，才有可能在日后的工作中尽情展示自己的才华。如果因为第一印象不好而被淘汰，连工作的机会都没有了，何谈展示才华呢？

第一印象中不仅包括形象、谈吐，还包括动作、姿态等诸多因素。挺拔的身姿、整洁的外形、自如的谈吐等，无疑会让人产生良好的第一印象，为今后的交往增添魅力指数；而邋遢、消沉、小动作不断的第一印象，无疑会令人生厌，根本无法让人产生继续交往的意愿。总而言之，无论第一印象是好是坏，它都会在人的头脑中打下十分深刻的烙印。有一个成语叫作"先入为主"，可以作为首因效应的良好注脚。当一个人对你产生第一印象之后，大脑会对这个印象形成某种根深蒂固的影像。在交往的过程中，这个影像会时不时地进行回放，对大脑的客观判断产生某些影响。通过不断地重复回放，好的第一印象会变得越来越好，坏的第一印象则会变得越来越坏。因此，在初次与人会面时，一定要树立一个完美的形象。一旦第一印象不好，日后再进行补救就非常困难了。

有些人或许会提出不同的观点，毕竟生活中有"路遥知马力，日久见人心"的说法。由此他们认为，第一印象的好坏并不会对个人的形象产生太大的影响，经过长期的交往，自然能发现对方更多的优点。这种想法并非全无道理，关键在于，在如今这个惜时如金的社会，有多少人愿意通过长期的交往去慢慢认识一个人？一旦给对方留下了不好的第一印象，对方连继续交往和合作的机会都不给你，你又怎么让人"日久见人心"呢？

在交往的过程中，很多人都因为第一印象不佳而吃过亏，为此他们愤愤不平。首因效应往往带有主观色彩，这一点毋庸置疑，姑且不论这种主观的判断是否公平，单从首因效应对我们的影响而言，也应该让它为我们所用——树立良好的第一印象，增加外在的吸引力。

刺猬法则：因为关系好，你就能侵占我的空间吗

> 无论两个人的关系多么紧密，都要给彼此留出足够的空间，不同的人、不同的亲密程度，都需要保持适当的距离，这样才能让交际的对象感到舒心和自在。

德国哲学家叔本华在他的著作中提到过一个有关刺猬法则的寓言故事，内容是说在天寒地冻的天气里，两只刺猬想要互相依偎着取暖，刚开始它们之间的距离太近，结果身上的利刺将彼此刺得鲜血淋漓，然后它们调整了各自的姿势，彼此之间保持了恰当的距离，这样一来，它们不但能够温暖对方，也避免了互相伤害的情况出现。这个法则反映的是人与人交往时应当保持适当的心理距离。刺猬法则可以运用于很多领域，对我们的工作和生活都有很重要的指导意义。

在人际交往中，心理空间是一个十分重要的组成部分，任何人都没有义务将其所思所想和盘托出。每个人都有自己的生活方式和心理空间，一旦你跨越了对方的心理距离，那对方非但不会对你产生好感，反而会心生厌恶。

个人空间是一个相对而言的概念，它的具体范围由交往双方的关系亲密度及身处的环境来决定。根据交往双方的亲密度，人类学家爱德华·霍尔博士将人际交往的区域或距离划分成四种。

1. 亲密距离

这种距离是人际交往中的最小距离，有时甚至没有距离，也就是人们常说

的"亲密无间"。交往的双方能够清晰地观察到彼此的表情和眼神，会有肌肤的接触，以至于可以感受到彼此的体温、气息等，体现出交往双方亲密友好的关系。

2. 个人距离

这种距离是人际交往中稍微有些分寸感的距离，很少会有身体上的接触。交往双方的距离最近也要保持在两臂左右才行，只要确保双方能够亲切地握手、友好地交谈就行了。在与熟人交往时，可以保持这样的距离；如果是与陌生人交往，就要适当地增加一些距离，以免侵犯了他人的空间，引起对方心理上的不适。

3. 社交距离

这种距离是一种社交性或礼节上的安全距离，反映出交往双方的关系比较正式。通常情况下，在工作场所或是社交场合中，人们交往时都会保持这种距离。在进行面试或者谈判时，这种距离的范围要适当加大一些，常见的情况是双方之间会有一张桌子隔开，这样能够令现场的氛围更显庄重。

4. 公众距离

这种距离在公开演讲时比较常见，就是演说者和听众之间的距离。这种交往空间相对比较开放，一个演说者要面对众多的听众，因此很难做到一对一的交流，也难以实现有效的沟通。而且，演说者和听众之间并不一定会发生更多的联系，这种距离其实对双方而言都是比较合适的。

可见，交往的距离往往能够体现出交往双方的亲密程度，所以在与人交往时，一定要把握好距离的尺度。给对方适当的空间，让对方感受到你的热情和尊重，如此能为成功的社交活动带来更大的帮助，推动双方在交往的路上更进一步。

在普通的交往活动之外，也要注意不同国家、不同民族、不同区域、不同文化背景的风俗差异。在交往开始之前，一定要对对方的情况有所了解，这样才能有的放矢，不仅充分表现出你对对方的关注和理解，也展现出独特的个人魅力，使得对方对你产生好感，给予你更多的认同。

必须牢记的是，关系再好的双方，即便亲密如夫妻，也都需要各自的空间。没有人愿意将自己的心理世界全部展现在别人面前，这是对隐私的一种需求。了解到这一点之后，就要在交往时充分尊重对方的意愿，不能随意侵占对方的个人空间。否则，一旦对方觉得受到侵犯，就可能发起反击，到那时，两个人的关系就会出现裂痕，想要弥合是非常困难的。

暗示效应：用心理暗示诱导人心

与人交往时，你是否有过这样的经历：有些人说话总能说到你心里，而你也在不知不觉间跟着对方的思路走。其实，这是对方运用暗示的手段，诱导了你的心。

在生活中，暗示效应无处不在，很多人对它没有特别深刻的印象，那是因为暗示效应总是在无形之中发挥作用，对人们起到潜移默化的影响。暗示效应是指在没有任何对抗的情况下，用委婉、抽象的方法对人们的心理和行为进行诱导，以使人们按照暗示者期望的方式去行动或是接受暗示者的某些意见。

心理暗示是每个人都拥有的武器，也是一种力量巨大的工具，可以令我们获得极大的能量，在人际交往中给予我们极大的帮助。与催眠不同的是，暗示效应在人清醒的时候就能发挥作用，这对我们来说显然具有更大的现实意义。如果我们掌握了在清醒的状态下去影响他人甚至优化他人生活进程的方法，那么我们就能防患于未然，提前规避一些不好的结果。真能如此的话，家长就能让孩子变得优秀，老师就能让学生变得勤奋，老板就能让员工变得忠诚，所有的人都能得到幸福、快乐的生活。

在我们的身边，总能见到许多抽烟、喝酒上瘾的人，他们中的很多人其实也想戒烟、戒酒，只是不知为什么总是难以戒掉。他们不想做让人讨厌的人，于是不断地尝试去戒，然而总是无功而返。很多人会说是因为这些人定力不足，或者是根本就没想戒，所以才会半途而废。实际上，从心理学上来说，每个人都有自觉地保护自己的倾向，知道抽烟、喝酒不好之后，人自然而然就会想要维护自己的健康，戒掉它们是潜意识中出现的念头。之所以会失败，其实是因为强大的暗示效应。在戒烟、戒酒到某个阶段之后，暗示效应会发出身体难以承受的信号，不断地重复暗示之后，人的状态就会受到很大的影响，感觉整个人都没有精神，做什么事情都没有动力。在这种时候，一旦抵挡不住暗示的攻击，抽根烟、喝点酒，那么之前所做的一切努力都将付诸东流。

每个人都想成为受人尊敬和喜爱的人，只是有时候难以抵挡心理的暗示，最终走向了不好的方向。

在2001年中央电视台春节联欢晚会上，赵本山、范伟、高秀敏演出了一个至今仍为人津津乐道的小品《卖拐》。当赵本山将范伟那条好腿忽悠瘸的时候，观众们爆发出极大的笑声。然而，在笑过之后，我们更应该去深思，明明是一条好腿，怎么说瘸就瘸了呢？其实，这就是暗示效应在发挥作用。可见，心理暗示对人的影响是十分巨大的，在不知不觉之间，受到暗示的人或许就会变成另外一个连自己都不认识的人。

暗示效应就像一条湍急无比的河流，想要控制它并非轻而易举。一旦让它随意冲击，就可能造成难以挽回的损失；如果能够顺利地驾驭它，就能合理地运用它的能量，帮助发电、发热等。在人际交往中，可以通过种种适当的暗示来吸引对方，在不知不觉间走进对方的心理世界，让对方跟着自己的思路和想法进行有效的沟通，以此获得更多的认同，在交际中获得更大的空间和自由度。

心理暗示的作用超乎我们的想象，在运用的时候一定要把握好分寸。面对陌生人时，要循序渐进地展开暗示，绝对不要操之过急，否则，对方或许很难接受。一旦对方从心理上抵制你的暗示，那么所有的暗示都将失去作用。因此，要想通过暗示效应对对方产生影响，首先要有好的沟通氛围，在融洽的环境中进行交流。如果你选择粗暴的方式进行心理暗示，那最终的结果很可能是搬起石头砸自己的脚。

尊重对方：渴望金钱，更渴望获得尊重

对于衣衫褴褛、穷困潦倒的人来说，钱确实很重要，但是某些时候，他们更加重视自己的颜面和尊严。只有多给对方一些尊重，才能得到对方的尊重，成为交际场上的焦点。

在马斯洛的理论中，每个人都有五种最基本的需求，其层次从低到高依次是生理需求、安全需求、社交需求、尊重需求和自我实现需求。在现代生活中，生理需求和安全需求基本上都能得到满足，而处于社会生活中的人们，对于尊重的需求越发渴望起来。尊重需求不仅包括个人对于成就或自我价值的体验，也包括他人对自己的认可和尊重。一旦尊重需求被满足，人们就会充满自信，对社会充满热情，感受到自己身上的价值。

在儒家学说中，有"不食嗟来之食"的观点，从中可以看出当时的人们对于尊重的极度渴望。诚然，这种观点与当时的社会环境及学者们的人生观有着极大的关系，将其套用在现代社会并不一定会受到所有人的认同。不过，儒家学说在很长一段时间里都极受推崇，因此它对中国社会的影响也是极为深远的。在现代社会，依然不乏宁可衣衫褴褛、食不果腹，也不愿接受别人施舍的人。从某些方面来看，儒家的经典学说和马斯洛的理论有相通的地方，可见无论国内国外，人们对尊重的需求都是一样的。而且，往往越是社会地位高

的人，对于尊重的需求越强烈。这是因为，地位越高的人，受到的关注就会越多，经过重重叠加之后，总体的尊重需求就会呈现出巨大的增幅。

每个人都渴望拥有相对稳定的社会地位，希望个人的能力和成就能够获得外界的认可，这是人之常情。当你给予一个人适当的尊重时，或许会让对方感受到巨大的鼓励，由此产生更大的奋斗力量。

在美国纽约的大街上，一个落魄的钢笔推销员正在缓慢地走着，这时，迎面走来一个富有的商人。这个商人觉得推销员十分可怜，于是拿出20美元丢给了推销员。走出几步之后，商人突然又折了回来，走到推销员面前说："我们两个都是商人，你有钢笔要卖，我正好想买一支，可是我给了你钱，却忘记拿钢笔了。"推销员一脸错愕，急忙拿出一支钢笔递到商人手上。从此，推销员大受鼓舞，以更大的热情投入推销的工作之中。

两年之后，富有的商人和钢笔推销员再次相遇，只是地点变成了商场。曾经的推销员现在已经是一家文具商店的老板，他对商人说："两年前你从我这里买走一支钢笔，我得到的不仅仅是20美元，还有前所未有的尊重。在那一天，你让我知道，我是一个商人。"

推销员尽管落魄，可是对于尊重的需求并没有消失，富有的商人的话让他重拾自信和自尊，进而变得斗志昂扬，终于获得了成功，这就是尊重的巨大力量。

陌生人需要尊重，交际的对象自然也需要尊重，这是人的普遍需求，应该想办法予以满足。然而，尊重对方并不意味着要给予对方无限的帮助，只要在关键时刻拉上一把，让他从中得到一些启示或是感受到一些力量就够了。如果不断给予对方帮助，这种所谓的尊重反而会让对方觉得他自己很无能，由此陷入苦恼之中。一旦对方感受到的苦恼超出了承受范围，他的心中反而会对你产生不满，认为你就是那个让他苦恼的罪魁祸首，而你所认为的尊重在他眼里却变成了侮辱。

作为一个社交高手，应该懂得通过婉转的方式去帮助别人，这样不仅维护了对方的自尊心，也对他产生了极大的刺激，就像前面说到的富有的商人所做的那样。此外，社交高手也懂得在适当的时间接受别人的帮助，这样能让对方产生成就感，进而使其产生被尊重的感觉。

  在社交场合中，尊重对于交往的双方都具有十分重要的意义。运用恰当的方式适时、真诚地表达尊重，能让对方从心底里感到温暖。这种方式的适用范围很广，无论是亲人还是朋友，是领导还是下属，尊重无疑都是一副灵丹妙药。尊重对方不仅能展现闪光的人性，更能让对方接受、喜欢自己，使自己从交际场中脱颖而出，成为众人关注的焦点。

多看效应：频繁露面，只为留下更深的印象

在交际场合中，我们常常能够见到这样的人：无论你想不想和他加深交际关系，他总会想方设法地创造机会和你交往。当一个人频繁出现在你面前的时候，一定要对他多加留意。

心理学家查荣茨曾经做过一个实验：他向所有参加实验的人一一出示照片，只是照片出现的次数不太一样，有的照片出现了二三十次，有的照片出现了十来次，有的照片则只出现了一两次。

展示完照片之后，心理学家将这些照片摆放在桌子上，让参加实验的人选择自己喜欢的照片。结果显示，那些出现次数越多的照片，越容易受到大家的喜爱。

这种对越是熟悉的东西就越是喜欢的现象，在心理学上被称作"多看效应"。

假如你留心观察，就会发现，那些在社交场合左右逢源的人，通常都是善于利用多看效应的高手，他们很会创造机会与交往的对象进行接触，令双方变得熟络起来。

多见几次面就能让对方喜欢上自己？很多人会认为这完全是无稽之谈。但是有一个社会心理学的实验恰恰也证实了这一点。

在一所大学里,心理学家随便从女生宿舍楼里挑选了几个大一新生的宿舍,并给这几个宿舍的女生发放不同口味的薯片,而且要求这些女生在一天的时间里不断到另外的宿舍中去品尝不同口味的薯片。前提只有一个,那就是不能进行语言上的交流。一天之后,心理学家对实验对象进行调查之后发现:实验对象之间见面的次数越多,互相喜欢的程度就越深;见面的次数少甚至是不见面,互相喜欢的程度就相对浅一些。

这两个实验都说明,要想提升自己的魅力,获得别人的喜爱,多和对方见面是一个很好的选择。在实际生活中,我们通常会发现,和很久没见的好朋友相比,天天见面的同事反倒更能让人产生亲切感,这就是多看效应在发挥作用。

看电视节目的时候,有些演员会说"不管演得怎么样,起码先混个脸熟",以曝光率来赢得观众的喜爱和支持,这也是对多看效应的充分应用。即便只是露个脸,没有任何台词,也能加深观众的印象,逐渐积累起个人的吸引力。这样一来,他们自然能在交际场上越来越吃得开,越来越成为众人关注的中心点。

黄玲是一名大学三年级的学生,在本届学生会主席的选举中,她以极高的支持率最终当选。别人向她请教其中的奥秘时,她说:"我的性格十分外向,没事的时候喜欢到各个宿舍去串串门、聊聊天。一回生,二回熟嘛,时间长了大家觉得我人缘不错,都愿意和我交流。人和人之间就得多见面交流才行,常常在陌生人中出现,肯定能交到更多的朋友。"

无论是刚刚入学的大学生,还是刚刚进入职场的新人,面对陌生的环境和陌生的人群,心里难免忐忑不安。要想拓展自己的交际圈子,就应该像黄玲一样,勇敢地迈出步子,走到人群中间,让更多人见到你、认识你,借助多看效应的影响,达到与人交往的目的。

当然,多看效应也不是在任何情况下都有效的,它的运用前提是你已经给人留下了良好的第一印象。如果你给对方的第一印象并不那么好,那么多看效应就会发挥相反的效用，见面的次数越多，对方越会感到厌烦。

当你确定已经给对方留下了良好的第一印象时，可以适当增加与对方见面的次数，以此增加双方之间的感情交流。但是，也不能滥用多看效应，如果你不分时间、场合地出现在对方面前，对方同样会感到厌烦。因此，一定要把握好多看效应的度。

即便你十分内向，也可以借助多看效应变成一个活跃于交际场上的人。和他人见面时，或许每一次都说不了多少话，但是可以适当增加一些见面的次数，在数次见面之后，对方对你的喜爱就会增加一些。一旦对方对你有所了解，能够理解你的表现，那么交往就会变得自然起来，你就能在交际中获得更多的自信，慢慢变成交际场上的"明星"。

自嘲法则：丢脸没什么，涮涮自己赢人心

遭遇尴尬的时候，很多人首先会有丢脸甚至羞愧的感觉，这会让人失去自我。开开自己的玩笑，能够缓解窘迫的局面，增加交际成功的可能性。

在生活中，我们总会遇到各种各样的尴尬状况，这种时候，巧妙地运用自嘲法则，能让我们从容地摆脱尴尬。所谓自嘲法则，是指用一种开朗、豁达的态度对自己的缺点或短处进行适度的艺术加工，以此给别人留下美好的印象。如果一个人没有豁达的胸怀和超然的处世态度，那么想做到这一点是十分困难的。

在实际应用中，自嘲的优点主要有三个。

1. 自嘲能够反映出一个人的自信

自嘲就是拿自己开涮，博得对方一笑，使得交际活动充满欢乐。敢于自嘲的人对自己非常自信，他们很清楚无论怎样调侃自己，自身具有的魅力及优越性都不会丢失。

2. 自嘲能够增加幽默感

自嘲往往是通过幽默的方式来开自己的玩笑，在幽默中展现自己的缺点或短处，让对方会心接受。

3. 自嘲能够迅速改变交流的氛围

在一些比较严肃或重要的场合，初次见面的双方难免会有一些紧张，这时

可以运用自嘲的方式，快速打破紧张的氛围。

在日常生活、工作中与人交往时，一旦遇到尴尬、窘迫的局面，用自嘲法则帮自己解围，不仅能够很轻松地为自己找到台阶下，还能为交往的对象带来欢乐，何乐而不为呢？在社交场合中，自嘲是社交高手们常用的一种吸引注意力的手段。通过自己身上的幽默细胞，社交高手们往往会变成社交场合最受关注的焦点。

中国古代有这样一个故事：

一天，一位姓石的学士骑着驴到朋友家里去。走到半路时，他一不小心从驴背上掉了下来，引得众人暗暗笑了起来。面对如此尴尬的境地，石学士并没有慌张，而是不紧不慢地站起来，对众人说道："幸亏我是石学士，如果我是瓦学士的话，那不就把我摔成碎片了？"这句话说完，看热闹的众人顿时大笑起来，在愉快的氛围中，石学士缓解了尴尬的局面。

石学士用自己的姓氏来自嘲，既贴合当时的情况，又表现得随和、自然，起到了很好的效果。

在自嘲方面，美国第16任总统林肯也是个中高手，他常常拿自己丑陋的相貌开玩笑，并且因此受到很多人的欢迎。

有一次，林肯受邀在一个晚宴上讲话，他讲了一个发生在自己身上的小故事："我常常觉得自己的相貌十分丑陋。有一天，我正在公园散步，有一个妇人迎面走了过来，她端详了我半天之后说：'嘿，你绝对是我看到过的最丑的人。''我也不想长成这副模样，可是这不是我能控制的事情。'我应道。'可是我并不这样认为，'妇人又说，'你完全可以选择待在家里不出来吧。'"

林肯说完之后就坐了下来，伴着雷鸣般的掌声，现场爆发出巨大的笑声。在欢笑之余，大家开始接受林肯的相貌，很多讨厌他的人也觉得他变得可爱了。

自嘲是一种十分积极的表现，可以表现出风趣幽默的一面。在社交场合，合理地运用自嘲法则，能够拉近彼此的距离，让人感受到你那巨大的人性魅力。在生活中，凡是能够运用自嘲法则的人，大多非常善良，即便遭受了不公正的待遇或是陷入窘境，他们也不会用失落的表情或是尖酸刻薄的语言去应对。这种表现并非因为他们心生怯懦，而是因为他们懂得运用幽默来解决矛盾，从中能够体现出他们优良的个人素质，让人为之肃然起敬。

要想成为一个能够自嘲的人，我们需要具有宽容的心态和"宰相肚里能撑船"的气量。在因为别人的过错而遭受难堪时，千万不要睚眦必报，而要以自嘲的方式表达原谅，那样才会给别人留下更好的印象。

要想灵活自如地运用自嘲法则，幽默感是必不可少的一种因素。在生活中，我们应该不断培养自己的幽默感。比如，我们可以读一些笑话、幽默短文，看看相声、小品，从中学习幽默的技巧，经过长期的学习和锻炼之后，我们就能灵活运用、自由发挥了。

自嘲能够打开别人心灵的大门。在遭遇尴尬境地的时候，无论别人有没有在笑你，先自己嘲笑自己一下吧。

特里法则：不要小瞧了"对不起"这三个字

犯了错误，一定要勇敢地承认，"对不起"三个字往往能够产生巨大的作用。刻意掩饰自己的错误，反而会让人觉得反感，在社交场合中，这样的人很难受到欢迎。

特里法则是心理学上的一个著名观点，它出自美国田纳西银行前总经理特里的一句话："一个人最强大的力量来源就是勇于承认错误，因为能够正确面对错误的人往往能够得到错误之外的东西。"这个法则说明，勇于承认错误，敢于承担责任，不仅能让自己获得原谅，还能得到比错误本身更多的东西，如经验、教训等。

在人际交往中，每个人都会犯下或大或小的错误。在面对错误的时候，人们的选择和处理方式也不尽相同。有些人想要掩饰错误，有些人无论如何也不承认错误，还有些人则勇敢地承认自己的错误。站在旁观者的角度，每个人都喜欢勇于承认错误的那个人；可是事情发生在自己身上，却往往很难做到勇于承认错误。恰恰因为大多数人都不愿承认自己的错误，这才显出勇于认错者的与众不同。

对于已经出现的错误，进行再多的掩饰和解释都是毫无意义的，这样做的人只是为了保全自己那廉价的面子而已。因为，掩饰错误的后果可能是引发更大的错误，造成更大的损失。为了保全自己的美好形象而牺牲更大利益的人根本就没有责任心，他们也注定无法赢得人们的尊重，获得最后的成功。

在很多人看来，医生一般很少犯错，这是因为他们的工作十分特殊，一旦出错，可能会危及病人的生命安全。实际情况则是，医生也是人，"人非圣贤，孰能无过"，他们也和普通人一样，会犯下一些错误。出现错误的时候，医生究竟如何面对呢？是要主动承认错误并诚挚地道歉，还是拒不认错为自己的行为开脱？我们常人的想法是，为自己开脱应该是比较明智的选择，尽量避免旁生枝节。一旦医生承认了错误，就要为自己的错误负责，甚至有可能成为被告，站在法庭上等待宣判。不过，如果医生勇于承认错误，或许能够得到患者家属的原谅。

这种矛盾和纠结是每个医生都要面对的，内心的挣扎虽然不会表露在外，但是他们心中的痛苦自己感受得最为深刻。

美国马里兰州的一所卫生院进行过一次实验：研究者录制下医生对于失误的反应，并将录像播放给观众看。结果表明，对于那些诚挚认错的医生，大多数观众心生好感；对于那些采取措施尽力弥补的医生，观众从心底里并不想起诉他们；对于那些拒不认错还千方百计为自己开脱的医生，大多数观众更愿意诉诸法律来维护自己的合法权益。

由此可见，人们对于敢于认错的人总是抱着宽容的态度。很多时候，一句诚挚的"对不起"，就如软化剂一般，能够将对方心中的误会和怒气化解掉。然而，有很多人并不愿意开口讲出"对不起"这三个字，因为他们认为道歉是一种示弱的表现，还会导致以后都没法抬头做人。实际上，这种想法本身就是错误的，既然是自己造成的错误局面，就应该有足够的勇气去承担责任。一个只会逃避和遮掩的人，不仅无法在交际场合赢得人心，还会令对方产生更多的厌恶感，从而引起更加严重的人际矛盾。

不管一个人如何精明能干，都难免犯下一些错误。就像雨果说的那样："尽量少犯错误，这是每个人的行为准则；想要不犯错误，那就是天使的梦想。世间的每个人都会犯错误，错误就像地心引力一样。"错误总会出现，出现之后能用诚挚的态度去承认，用积极的态度去改正，那么你的形象非但不会受损，反而会因为敢于担当而受到人们的认可。

　　不要小瞧了"对不起"这三个字，它或许就是改变对方观点的启动器，通过它，可以尽快地消除彼此之间的误解，为双方进一步的交往打开一扇窗。

心理测试

每个人都具有两面性,一面展示给别人看,另一面则留给自己,其他人永远都无法看到。但是,或许你自己也不清楚自己的两面性是怎样的,你总是感觉自己在别人面前展现的就是真实的自己,可惜事实并非如此。通过下面这个测试,来看看真实的自己吧!

假设你正进入一个神秘的洞穴,在洞穴深处有一扇门,凭你的直觉,你认为推开门之后会是什么?

A. 古老的墓穴

B. 又一个相同的洞穴

C. 一间大到可以住人的洞屋

D. 出口

结果分析

选择A:这类人一般喜欢异想天开,有的时候做事情有些不切实际,让人感觉难以理解。他们的头脑中有很多创造性的想法,让人眼前一亮,但由于想法多变,他们的性情也时常发生变化。

选择B:这类人思想相对保守,而且有些消极,对道德观念非常重视,注重形式主义,对家人和朋友十分关注。

选择C：这类人有很强烈的群体意识，擅长发挥群体的优势，做事情能够做到尽职尽责，全力以赴，可是缺少一些创造性。

选择D：这类人对理想有很高的追求，思维十分迅捷，善于策划，十分看重结果，适合做领导工作，进行具体的操作时，通常急于求成。

第三章

掌控欲望

欲望的好坏,往往只在一念之间

某些欲望出现的时候,
很多人都难以控制,
往往任其如火山爆发一般将自己
和交往的对象烧得遍体鳞伤。
无法克制欲望的人,
通常难以控制自己的人生,
更难以到达成功的彼岸。

情绪定律：不懂什么叫理性的人，才会说自己理性

情绪是与生俱来的，每个人都无法躲开它的影响。但凡标榜自己理性的人，十有八九都是骗子，他们的情绪爆发时，比那些不理性的人更加恐怖和可怕。

每个人都有自己的情绪，我们每天都要受到各种各样的情绪的影响。然而，你对自己的情绪真的有那么了解吗？心理学家经过研究发现，自然界的每一种动物都有自己的情感，作为高级动物的人，我们的情感最为丰富。在很多情况下，情绪都会影响一个人对某个人或是某件事情的判断。完全可以说，情绪在人的生命中一直占据着极为重要的位置。

在生活中，我们常常听到有的人抱怨："你太冲动了！能不能理性一点，控制一下自己的情绪？"由于受到了外界的刺激，人的情绪可能在一瞬间爆发出来。如果置之不理，情绪也许会积累起来，最终像火山爆发一般难以控制；在情绪刚刚出现的时候就进行疏导，情绪可能会立刻消散，对人不会产生太大的影响。

长期以来，人们都以为"忧愁所以会哭泣，生气所以会争吵，害怕所以会发抖"，而美国心理学家詹姆斯则有完全相反的看法，他认为"人是因为哭泣才会忧愁，因为争吵才会生气，因为发抖才会害怕"。这种说法意味着，人或

许真有理性，能够控制自己的情绪，但是，这种理性的前提也会受到某种情绪的影响，"理性地思考""理性地判断"本身就是一种情绪状态，这便是我们常说的"情绪定律"。因此，如果有人对你说"我是一个十分理性的人""我能理性地做出分析"之类的话，你没有必要当真，因为从某种意义上说，理性只是情绪的附属品而已，在这个世界上，没有完完全全的理性可言。

陈婷婷是一个十分温柔、端庄的人，她在公司中总是以一种睿智而理性的形象出现，无论工作或是家庭中出现什么变故，她都能从容应对。

一个星期五的下午，公司的同事们都在着急地等待着下班，规划周末怎么度过。然而，主管在这时忽然走进了办公室，宣布周末加班。一时间，办公室里炸开了锅，同事们纷纷表达自己的不满。而主管呢，非但没有为加班给出一个合理的解释，反而讲了一些加剧矛盾的话。一个脾气暴躁的同事实在气不过，就和主管争吵了起来。

这时，陈婷婷站了起来，她先是安抚了众人的情绪，让大家保持克制。之后，她拿出《劳动法》，以此维护自己和同事们的权益。陈婷婷用冷静而理性的表现，征服了主管和同事们。最终，同事们赢得了胜利。

看到这个结果后，那位脾气暴躁的同事非常羡慕陈婷婷："婷婷，你可真厉害！这种情况下还能保持理性的态度。我就不行了，我的脾气真是一点就着，非但无法解决问题，反而将局面搞得更加糟糕。"陈婷婷笑着说："嗨，世界上根本就没有什么真正的理性。刚刚听到加班的消息时，我也是非常愤怒的。可是我也知道，愤怒对我没有任何帮助，于是我告诫自己冷静下来。当负面的情绪变成积极的情绪时，人的一举一动都变成'理性'的了。"

确实，人类是情绪化的动物，无论大脑做出何种判断，它多多少少都会受到情绪的影响。我们所说的"非理性"，其实只是负面情绪的表现形式而已，而"理性"则是积极情绪的外在表现。因此，当我们被负面的情绪笼罩时，应该转换看问题的角度，让"理性"成功上位，将"非理性"拉下马来。

在人际交往中，情绪对人的影响同样巨大。在某些社交场合，我们难免会遇到一些自己不喜欢的人或事，此时负面情绪就会迅速占据我们的大脑，令我们的状态出现巨大的滑坡。一旦我们被负面的情绪控制，那么与其他人的交际活动就会难以进行下去。这对我们来说，无疑是巨大的损失。

在任何时刻、任何地点，情绪总是如影随形地跟随着我们。想让自己做到完全的理性，那简直是异想天开！那些为自己挂上"理性"标签的人，只不过是打着"理性"的旗号自欺欺人而已。

野马结局：被人激怒，尽力克制发泄怒火的欲望

生气并不能解决任何问题，反而会给自己带来诸多麻烦，甚至伤害到自己。倘若因为对手的某些作为而生气，表现出不好的一面，那只会给自己带来麻烦。

在非洲大草原上，有一种名叫吸血蝙蝠的动物。它们的身体非常小，靠着吸取动物身体中的血液生存。而庞大的野马，则是吸血蝙蝠吸食的对象之一。于野马而言，吸血蝙蝠实在太小了，根本构不成什么威胁。然而，吸血蝙蝠偏偏要以小博大，叮在野马的腿上，不断地吸血。野马受到攻击之后，便甩自己的腿，想把吸血蝙蝠甩下来踩死。可是吸血蝙蝠死死地叮住不放，即便野马不断增加甩腿的力量，最后甚至狂奔起来，也依然无法摆脱吸血蝙蝠的纠缠。在暴怒和狂奔中，野马最终耗尽了体力，至死也没能甩掉吸血蝙蝠。

在吸血蝙蝠和野马的战斗中，吸血蝙蝠成了最后的赢家。但是，野马的死因是被吸血蝙蝠吸掉了太多血吗？

动物学家分析了野马的死因，结果发现：吸血蝙蝠本身不具毒性，而且吸食的血量极小，根本不会导致野马死亡。心理学家分析指出，吸血蝙蝠吸食野马的血并不会直接导致野马死亡，野马真正的死因是它被吸血而产生了剧烈的情绪波动，最终"气"死了自己。

野马的结局令人惋惜，如果它能够保持平和的心态，不产生那么多的怨气，生命将是非常美好的！

在日常生活中，我们也能看到很多像野马一样的人，稍微遇到一点不顺心的事情，情绪就会失控，或是大发雷霆，或是自怨自艾，不但令情况更加糟糕，对自己的身体也产生了极大的伤害，更严重的，甚至会像野马一样摧毁自己的生命。最典型的例子就是著名台球选手刘易斯·福克斯的自杀案。

在1965年的世界台球冠军争夺赛中，刘易斯·福克斯一开场就打出了气势，一直处于领先位置，只要再赢下几局，他就能拿到冠军奖杯了。

然而，这时却出现了一个小插曲——一只苍蝇落在了母球上。于是，刘易斯·福克斯伸手去驱赶苍蝇，以免受到它的影响。可是这只苍蝇好像故意要和他作对，只要他弯身准备击球，苍蝇就会落在母球上，他起身赶走之后，再弯身时苍蝇又飞了回来。这样重复进行了几次之后，刘易斯·福克斯的心态发生了变化，他变得焦躁起来，便用球杆去打苍蝇，结果一不小心碰到了母球，裁判判定刘易斯·福克斯击球，他因此失去了一轮击球的机会。

在接下来的比赛中，刘易斯·福克斯明显情绪不稳，以至于他一输再输，眼看即将到手的奖杯就这样被对手收入囊中。

更糟糕的消息是，第二天早上，刘易斯·福克斯被人发现投河自杀了。

一场比赛，一只苍蝇，就让刘易斯·福克斯搭上了自己的性命，这真是让人既惊讶又无奈。

一旦无法掌控自己的情绪，往往会出现"野马结局"。因为一点小事就大动肝火，这会对自己的身体产生极大的伤害，甚至会危及生命安全。为了逞一时之快，就不顾自己、不顾家人，这样的人根本就没有责任感！

另一个大家耳熟能详的例子，是《三国演义》中的"诸葛亮三气周瑜"。关于诸葛亮和周瑜的争斗，至今仍为人所津津乐道。周瑜临死前所说的"既生瑜，何生亮"，也成为妒贤嫉能的经典语录。从才气上说，周瑜不落下风；从心智上说，周瑜一败涂地。这么优秀的人过早殒命难免令人惋惜，细究起来，却又令人对他生出一丝不解甚至鄙夷。堂堂男子汉，竟然能活活被气死！这心胸也是狭窄到难以描述的程度了。

过往的很多故事都告诉我们同一个道理：生气无法解决问题，气性太大只会伤害自己。现实生活中，大家都知道不顺心的事情在生活中难以避免，可是真的不顺心时，很多人就会生出抱怨、气愤的情绪，这其实是在用自己的身体健康为代价去满足口舌之快。因此，我们应当学会排解不良情绪，以积极的心态去面对所有的不顺心。

卡耐基说过："快乐的钥匙并不在别人的手里，而是在自己的手里。"尽管外界的环境我们无法改变，他人的评判我们也不能改变，可是我们可以做到控制自己的内心，掌控自己的情绪。面对不良情绪，最重要的就是要学会宣泄，通过某些渠道摆脱不良情绪的影响。而且要记住，要选择好的宣泄方式，而不是随意地宣泄。

破罐子破摔：看似无欲无求，实为丧失自信

坏情绪具有很强的传染性，一旦产生破罐子破摔的思想，那么人的整个状态就会发生变化，对所有的事情就会失去兴趣和信心。长此以往，人生终将变得暗无天日。

上学的时候，你是否遇到过这样的同学？——上课铃已经响了，他还慢慢悠悠地走着，完全不把铃声当回事。老师说总是迟到要请家长的时候，他也表现得镇定自若、波澜不惊。

上班的时候，你是否接触过这样的同事？——一个月迟到好几次，每次都是一副无所谓的样子。老板说要扣工资的时候，他也表现出毫不在乎的样子，仿佛一切尽在掌控之中。

面对这样的同学或同事，相信很多人都会心生艳羡，觉得他们很洒脱，似乎已经生活得超然自在。更有甚者会对他们心生敬佩，将他们当作自己的楷模。如果你"有幸"成为一个"膜拜"他们的人，那只能说，你还很年轻，并没有看透他们的本质。

他们的镇定自若和满不在乎，不过是他们装出来的一种样子而已。他们心中的真实想法是"反正也做不好，随它去吧"，这种破罐子破摔的态度在生活中经常能够看到。

归根结底，这类人已经对自己失去了信心，他们的情绪已经处于无助甚至麻木的边缘，这让他们有足够的理由去做一些违背常理，甚至在别人看来有些不可思议的事情。

小强是一个非常聪明的孩子，但是有些贪玩，因此学习成绩不是太好。因为学习的问题，老师找家长谈过很多次，因此家长很为他着急。

经过老师和家长的不断开导，小强知道了学习的重要性，终于能够认真地学习了。通过一段时间的努力，小强的成绩有了很大的进步，这让老师和家长都非常欣慰，小强自己也觉得非常开心。然而，成绩的提升也让小强有了骄傲的情绪，他觉得只要稍微努力一下就能取得好成绩，因为自己的智商比别人高很多。一段时间的放松之后，小强的成绩又下来了，这时，小强又刻苦起来，成绩又有了回升。就这样，小强的成绩起起落落，十分不稳定。老师和家长都很担心小强这种学习方式会造成基础不牢的情况，小强自己却不以为然。

随着知识难度的增加，小强慢慢觉得有些跟不上学习进度，想要取得好成绩不像他想象的那样轻而易举了。每当家长询问他成绩怎么还没起色时，小强总是说："现在学的知识很简单，我只要稍微一努力，成绩就能上去，不用担心！"

了解了小强的一些情况之后，学校的心理辅导老师和小强进行了沟通。在交流中，小强说出了自己的心里话："其实我也努力学习过，只是没见到太好的效果，成绩也没有以前提升得那么多。经过几次努力之后，我感觉学习和不学习都是一个样，那还不如不学了呢。所以我就破罐子破摔了。"

对于小强的话，心理辅导老师一点都不觉得惊讶。她很清楚，小强是被消极的情绪击溃了。在长期的失败煎熬中，小强失去了斗志，也迷失了前进的方向。

后来，在心理辅导老师的帮助下，小强的心态发生了变化，学习成绩也有了很大的进步。

小强是一个被消极情绪影响的鲜明例子。当消极的情绪在一个人心中不断蔓延的时候，人就会被这种情绪牢牢控制，一旦整个人都被消极情绪缠住，那这个人就只能走上失败的道路。

真正自信的人，不会与消极的情绪扯上关系，当一个人带着消极的情绪却说自己充满自信的时候，我们可以认定这个人在撒谎。对于他说的话、做的事，我们没有必要过于放在心上，以免浪费自己的感情和精力。

在人际交往中，我们应该时刻注意自己的言行，千万不要抱有破罐子破摔的想法，这是因为，坏情绪会传染，每个人都希望自己的交往对象充满阳光、乐观开朗。否则，我们的交往对象会对我们失去兴趣和信心，交际活动最终只会以失败告终。

蝴蝶效应：有堵必疏，才能避免压力"决堤"

一只小小的蝴蝶就能引发一场龙卷风，这并非耸人听闻，而是客观事实。很多时候，情绪的大爆发或许只是源于一个小小的、并未受到关注的诱因。

在生活中，我们常常能够看到这样一些人：走路时不小心碰到他一下，他马上就会破口大骂；聊天聊得好好的，因为说错一句话，他立刻起身就走；等等。面对这种情况，有些人常常觉得束手无策，不知道自己究竟怎么招惹了对方；有些人则会觉得对方太过斤斤计较，这种人不宜招惹。

实际上，这些人可能是受到了蝴蝶效应的影响，其情绪在你面前爆发之前，他们已经因为某些小事积累了很多的压力，这些压力必须得在某个时间点释放出来，不幸的是，这个爆发点正好被你撞上了。

对于蝴蝶效应，最常见的说法是"一只蝴蝶在巴西扇动翅膀，一个月后将在德克萨斯州引发一场龙卷风"。这种效应最早被美国气象学家洛伦兹发现，主要应用于天气系统中。后来，其应用范围逐步得到拓展，指的是在同一个动力系统中，初始状态时的细微变化，经过长时间的积累转变之后，能够使得整个系统发生巨大的连锁效应。

在西方，流传着这样一首民谣：丢了一颗钉子，坏掉一个蹄铁；坏掉一个蹄铁，损失一匹战马；损失一匹战马，弄伤一位战士；弄伤一位战士，输掉一场战斗；输掉一场战斗，灭亡一个国家。丢了马蹄铁上的一颗钉子，看起来只是小事，但是经过重重叠加和变化之后，最后的结局竟然是使得一个国家遭到了灭亡的厄运。

上面的例子是蝴蝶效应在军事和政治领域的体现，在社会学界，蝴蝶效应同样有其外在的表现。一个微小的不良机制，倘若不进行调整和改善，任其发展的结果就是令人们遭受更大的损失和伤害；一个微小的优秀机制，经过引导和拓展之后，可能会让整个社会都迈出一大步，使人们的生活更加富足安康。

同样的道理，一旦人有了不良的情绪，就要及时进行疏导。千万不要把拌嘴之类的事情看成小事，如果任其产生蝴蝶效应，最终会出现的结果是我们难以预料的。在法制节目中，因为一点家常琐事而引发的血案并不算少，因为压抑自己而自残、自杀、伤害他人的案件更是屡见不鲜。

一个初中男孩，在学校经常被同学欺负，总是被迫给同学跑腿买东西，稍有反抗就会被欺负他的同学推来搡去。晚上回到宿舍，那些欺负他的同学会用火烧他的被子，用他的枕头擦脚，等等。他也想反抗，但是反抗会使他遭到围殴。慢慢地，这个男孩开始自残，以此纾解自己的压抑。对于他的遭遇和行为，家人并不知情，直到他被送进医院检查，事情的真相才被揭露出来。

面对被人欺负的情况，这个男孩的做法显然是不恰当的，他没有在第一时间告知家长和老师，而是采用忍让的方式应对，这让他遭受了更大的欺侮。在长期的压抑中，他的精神受到了极大的打击，这使得他做出了自残这种不理智的举动。试想一下，如果他在第一次受到欺负的时候就向家长或老师说明情况，在蝴蝶效应发生的初始阶段就终结这种伤害，那他还有必要进行自残吗？

这个男孩的经历是血淋淋的教训，无论产生何种压力，一定要像疏通河道一样，有堵必疏，以免出现"决堤"的情况。一旦压力出现"决堤"，再想堵上漏洞就是十分困难的事情了。

每个人面对压力的态度和方式不尽相同，因此每个人展现出的人性也有很大差异。有些人在感受到压力的时候，能够通过各种方式给自己减压，所以基本不会感受到太大的压力；有些人则会压抑自己，等压力积累到无法压制的程度时，再一次性释放出来。

懂得自己释放压力的人，通常能够合理地克制自己的情绪；只是一味压制的人，最终可能对身边的人产生更大的伤害。在与人交往时，一定要看好自己的"压力表"，不能让它超出范围，以免伤己又伤人。

蝴蝶效应总是充满神秘的色彩，它的随机性和不确定性都令人为之着迷。人们常说"勿以恶小而为之，勿以善小而不为"，表面来看是劝人向善，多做好事，但发掘其更深一层的含义，我们就能发现，"小恶"最终会带来"大恶"，"小善"最后会变成"大善"。合理利用蝴蝶效应，积极疏导心中的压力，才能在人生之路上越走越轻松。

条件反射：不经意间展现真实欲望

条件反射是一种十分常见的心理习惯，它会让人在不知不觉间暴露自己的欲望。一个人看似不经意的举动，往往更能反映出他真实的样子，借助条件反射，可以看破对方的真实欲望。

作为一对默契的搭档，朱时茂和陈佩斯演出过很多脍炙人口的小品，《警察与小偷》绝对算得上是比较出彩的一个。在这个小品中，陈佩斯假扮的警察给观众们留下了深刻的印象，衣装不整、贼眉鼠眼，尤其当朱时茂喊出"举起手来"，陈佩斯马上配合地将手高高举起这一情节，更令人拍案叫绝！

作为一个常常蹲在牢房的小偷，被警察喊"举起手来"可谓家常便饭，这句话的重复刺激，使得小偷已经形成了条件反射，以至于不论在什么场合中，只要听到"举起手来"，都会不由自主地举起自己的双手。

条件反射这一理论最早是由俄国科学家伊万·巴甫洛夫提出的，他通过给狗喂食之前不断摇铃证明了这一心理现象确实存在：巴甫洛夫在给狗喂食之前，总会一直摇铃，狗见到食物就会分泌唾液。经过一段时间的训练之后，这条狗听见铃声就会分泌唾液，即便没有食物出现，唾液也会不断地分泌出来。

只要两种事物总是反复地一起出现，我们的大脑就会预测到一种事物会伴着另一种事物出现。人人都有条件反射，它还能被用在社交场合中。比如，刚刚与人开始交际时，要对对方多加赞扬，这样对方会对你产生好印象和亲切感。通过一段时间的交往之后，即便你的赞扬没有那么多、那么频繁，对方也依然觉得你很亲切。或者是，某个人之前数次给你留下了不好的印象，当你再见到他时，就会条件反射地认为"这个人很讨厌，我不想理会他"或者"他太烦人了，我真想揍他一顿"。

在社交场合，难免会遇到你讨厌或者讨厌你的人，如果任由条件反射发作，最终的结果很可能是两败俱伤。如果只是破坏双方的关系倒还影响不大，但是周围的人看到你那拙劣的表现，相信很多人都会对你敬而远之，你在社交场合的形象就会一落千丈。

条件反射是一种长期习得的习惯，很多人并不会特意去关注它，可是往往令人在不经意间暴露自己的弱点或缺点。

晓燕是一家公司的普通职员，由于刚刚毕业，做起事来总是十分小心谨慎，所以给人一种默默无闻的感觉。实际上，她一直非常渴望得到展现能力的机会。

临近年底，公司计划举办一场答谢晚宴，准备寻找一位合适的主持人。得知这个消息之后，晓燕激动万分——等待了许久的机会终于要来了。上大学的时候，晓燕就经常主持活动，每次都能赢得同学们的阵阵掌声，站在舞台上的她，总是散发着自信的光芒。晓燕报名参加了公司的选拔活动，经过重重筛选之后她最终成了优胜者。

在答谢晚宴举办的当晚，当晓燕光彩照人地出现在舞台上时，那些平时与她相熟的同事们简直不敢相信站在台上的就是平凡无奇的晓燕。晓燕轻车熟路地报幕、答谢，她出色的表现令人大呼意外，她百灵鸟般的声音简直让人心旷神怡。然而，在配合一个同事表演魔术的时候，典雅端庄的晓燕给了众人一个更大的"惊喜"——当同事突然拿出一条斑驳的绳子时，晓燕立刻尖叫了一声，狂奔下台，头也不回地跑向后台。错愕的同事不知是怎么回事，只好草草结束了自己的表演。

尽管晓燕在了解情况之后恢复了平静，并重新上台继续自己的工作，但是毫无疑问，晚宴的整体氛围已经被破坏了。

　　晓燕本想借着晚宴的机会展现自己，但是因为对蛇的恐惧，而将绳子错认为蛇，结果不仅没能表现自己，反而搞砸了一场晚宴。类似的情况在社交场合中十分常见，比如，一次演讲失败之后，演讲者看到讲台就会心生畏惧；下属犯了错误受到领导批评之后，看到领导严肃的表情就会感觉害怕；等等。面对这些情况，首先要调整自己的心态。失败和错误只是过去发生的事情，没有必要再去斤斤计较，以积极的心态去面对未来，才能为成功铺平道路。

　　为了避免受到条件反射的不良影响，在日常生活中需要进行一些锻炼和练习，以提高大脑的思维和判断能力。当某些情况出现的时候，先稳定情绪，让自己保持清晰的头脑，再分析整个事情。以晓燕来说，如果她能保持镇定和清醒的头脑，就不难分析出，在当时那种场合，蛇基本是不会出现的。

　　条件反射是一把双刃剑，我们可以通过它去判断别人，同样也有人用它来试探我们。无论是试探还是被试探，最重要的是随时都要克制自己的情绪。

愤怒效应：所谓"以牙还牙"，无非是发泄怒气的借口而已

当狗咬你的时候，你当然会愤怒，但是你会扑到狗身上去咬它吗？应该没人会这样做。其实愤怒并非不可控制，而报复不过是一种泄私愤的方式而已。

心理学家经过研究之后发现，人在愤怒时做出的判断和决定，大部分都是错误的。这是因为，人在愤怒时往往会丧失理智，以至于失去最基本的判断能力并忽略调查事实真相的步骤，由此造成难以弥补的损失。这就是心理学上常说的"愤怒效应"。

在法制节目中，我们常常能够听到这样的忏悔："我当时太愤怒了，所以才会做出那样的事。可是，如果不是他先对不起我，我也不会去报复他……"当犯罪嫌疑人用这样的语句描述自己的犯罪行为时，其实他的心中并没有真的感到后悔，而是将事情的起因归罪到别人的头上，依然觉得是别人害他落得如此下场。或许有些人会说，这样说也不是没有道理，毕竟"一个巴掌拍不响"嘛！可是人家是不是真的对不起他尚没有定论，他就要进行报复，这只能说明，他所谓的"他先对不起我"以及他的愤怒不过是一种掩饰的借口而已！

在生活中，我们经常能够见到这样的人：在乱发一顿脾气之后，大言不惭地说："他怎么对我，我就怎么对他，我就是要以牙还牙，以眼还眼！"可是，大多数情况下，事情并没有他说的那么严重，根本没到非报复不可的地

步。之所以出现这种情况，完全是因为他们无法掌控自己的情绪，对发生的事情缺乏理智的判断。

一名男子的妻子在生孩子时不幸大出血死了。由于没有亲人能帮他照看孩子，他只好减少自己工作的时间，尽早回家照顾孩子。这样过了一段时间之后，他发现每天回家的时候家里的狗都在摇篮旁边守护着孩子。狗的忠诚让他十分感动，于是他放心地将孩子留在家里，自己则适当地延长了工作时间。

有一天，这个男人被一些事情耽搁了，等回家的时候已经很晚了。刚到家，他就发现狗嘴上全是血，而自己的孩子则不见了踪影。男人认定狗把自己的孩子吃掉了，愤怒之中直接把狗打死了。

此时，屋里传来了小孩的哭声。男人进屋一看，发现孩子正在床下趴着，他的身边还有两段蛇的尸体。

原来，一条毒蛇想要袭击小孩，结果被狗咬成了两截，狗嘴上的血是蛇的。那条可怜的狗听到主人回来，本想去邀功请赏，没承想却被主人误会了。

男人想明白事情的来龙去脉之后，感到十分懊悔，可是一切都已经晚了。

故事中的男人表现出了典型的"愤怒效应"，他为自己的行为付出了惨痛的代价。可以说，愤怒是一种极其危险的情绪，它会对你的思路产生严重的干扰，让你的智商降到极低的水平，进而对你的生活和工作产生种种不良的影响。

产生愤怒的情绪时，"以牙还牙"并不是最好的应对方式。采取这种方式的人，无非是想通过武力来解决问题，但是，这种方式往往会令双方受到更大的伤害。

愤怒的情绪每个人都会有，通过适当的方式进行纾解，愤怒就会变成过眼云烟；而如果任由愤怒的情绪失控，就会造成难以挽回的严重后果。

在人际交往中，更要告诫自己不要动怒。面对愤怒的人时，可以在心中对自己说："这个人智商太低，我没有必要跟他一般见识。"等到对方怒气散去之后，自然会为自己的无理表现感到愧疚。

有时候，当你发现某人做了一些有损于团队的事情，准备向领导揭发时，对方会十分愤怒地对你说他要进行报复。你完全没有必要害怕,他们说这样的话只是因为害怕丑行被揭露而已。

人生在世短短几十年,遇到任何事情都要想开一些,保持平和的心态,这样才能获得快乐的人生。有时,即便表现出愤怒的情绪,也是于事无补的,何不尽量克制自己,在发怒之前不断地告诫自己:远离愤怒。

巴纳姆效应：总以自我为中心，才会上了算命先生的当

竟然有人将自己的命运寄托在算命先生身上，这真是令人匪夷所思！实际上，算命先生只是说了一些模棱两可的话，让算命者自己对号入座而已。

在现实生活中，我们能够看到很多靠看风水、手相等谋生的人，这种行为已经被认定为迷信，可是依然有很多人愿意相信，这是为什么呢？不得不说，这和心理学上的巴纳姆效应有着十分密切的关系。

巴纳姆效应又被称为福勒效应或星相效应，它是心理学家伯特伦·福勒通过实验证明的一种心理学现象。具体指的是，人们常常会觉得一种相对笼统、普遍性的人格描述，恰恰是对自己的准确定义。当人们用一种十分宽泛、指代不明的词语来形容某人的时候，这个人通常十分乐于接受，总是认为对方说的那个人就是自己。由此不难看出，算命先生之类的人之所以受人欢迎，正是因为他们充分利用了巴纳姆效应。

中国古代有这样一个故事：

三个学子一起进京赶考，半路上巧遇一位算命先生，于是都请他卜了一卦，看看应考的结果究竟怎样。算命先生掐掐算算，最终伸出了一根手指头。三个学子有些迷惑，便问算命先生这一根手指是什么意思。算命先生则摇着头回应

道:"天机不可泄露。"听完算命先生的话,三个学子满腹狐疑地前去应考了。待到发榜那天,三个人中只有一人榜上有名。看到这一结果,三个学子都对算命先生十分敬佩,认为他算得太准了。实际上,算命先生伸出一根手指,已经将三个学子应考的各种可能都包含其中了,无论最终的结果如何,他都能予以相应的解答:三个人中只有一人榜上有名,那就是"一人中榜";三个人中有两人榜上有名,那就是"只有一人落榜";三个人都榜上有名,那就是"一起中榜";三个人都名落孙山,那就是"一起落榜"。

人们之所以愿意算命,往往是因为有所求,或是生活不太顺利,这种表面的信息很容易被算命先生捕捉到。算命先生通过察言观色和看似不经意的交谈,往往能揣摩出算命者的心理状态,只要说出一些符合算命者心境的话,通常就能博得算命者的信任。接下来再说一些比较宽泛、模棱两可的话,很多算命者就会上当受骗,觉得算命先生确实厉害。

出现这样的情况,主要是因为人们都渴望得到信息。当人们相信一件事情的时候,就会千方百计地去找支持它的理由,即便是很多毫不相干的信息,也可能被人们用来当作论据。从根本上说,人们这样做都是"自我"的意识在作怪,只要是自己认定的事情,即便是错的,在意识上也不愿意承认,反而会用各种手段去验证自己的谬论,即便是迷信也在所不惜。

在人们的头脑中,"自我"是非常重要的一个名词,甚至占据了人们头脑的大部分空间。无论听到什么、看到什么,人们总会不自觉地和"自我"挂钩,一旦某些信息和自己头脑中的思想一致,就很容易对这些信息产生信任感。

下雨的时候,有些人会觉得非常忧伤,其实,人会忧伤,完全是自己的心理作用,和下雨并没有什么直接关系。可是有些人偏偏愿意相信是下雨令自己变得忧伤,甚至拿古人的诗词作为证据,以此证明自己的忧伤并非毫无道理。

古人在创作诗词的时候,需要的是一种意境,好的诗词往往是在情绪和意境十分契合的情况下创作出来的,并不是因为外在的环境而产生某种情绪。试想一下,你正和家人开心地游戏、聊天,外面突然下雨了,难道你会突然大哭起来吗?稍微有点判断力的人都知道,这是不可能的。

所以说，在情绪不好或是遇到挫折的时候，不要相信什么算命先生，他们说的那些话，只是你心中想听的而已，一旦现实与理想出现落差，你的情绪会变得越来越糟，最后可能变得自己都不认识自己了。

当坏情绪出现的时候，应该做到合理掌控和调节，多向好的方面去想，而不是用各种理由去证明坏情绪出现得合理。即便在别人支持你发脾气、耍性子的时候，也要做出正确的判断，不能被坏情绪迷住了眼睛。

墨菲定律：越怕什么，越来什么

<u>人们常说"做最好的准备，做最坏的打算"，而事情发展到最后，往往真会出现最坏的结果。这是因为，大家的注意力都在"最坏的打算"，而非"最好的准备"上。</u>

墨菲定律的精髓是，假如有两种选择，其中的一种将引发灾难，那么一定会有人做出这样的选择。很多人或许觉得不可思议，但是事实确实如此，"杞人忧天"的故事就是一个很好的例子。

在选择的时候，没有人知道最后的结果是什么，唯一可以肯定的是，越是悲观的人越容易选择导致不良结果的那个选项。带着悲观情绪的人，往往会担心事情往不好的方向发展，潜意识中总是提醒自己要避免不好的事情。然而，越是担心的事情，往往越容易变成现实。

在生活中，我们总能遇到一些"扫把星"，他们担心的事情，往往总会发生——"明天不会下雨吧，我还得郊游呢！"结果，第二天真的下起了大雨；"希望明天不用加班，我都想好去哪儿玩了。"很快，加班通知如约而至。诸如此类的事情数不胜数，"扫把星"身边的人可谓饱受其害。

实际上，每个人都有悲观的情绪，只是有些人将其掩饰起来，有些人则将其赤裸裸地展现在外面。那些被称作"扫把星"的人，不过是将想法说出来了而已,并非是引起不好结果的源头!面对他们的糟糕"预测",很多人会选择让他们闭嘴,或是敬而远之,不与他们进行交流。

了解了墨菲定律之后,我们非常清楚地知道,所谓"越怕什么,越来什么"的魔咒,不过是心理暗示在起作用而已。

还有一个比较常见的例子,假如你刚刚从银行取了一大笔钱出来,担心会被坏人盯上,于是紧张地抓住自己的包,并不断地查看。结果,你的紧张和行为反而引起了坏人的注意,最后,你的钱被坏人抢走了。或许你很不解,我明明已经很注意防范坏人,为什么最后还是被抢了呢?答案很简单,恰恰是因为你把结果想得太坏,有些患得患失,更坏的结果才会找到头上来。

在社交场合中,墨菲定律同样发挥着巨大的作用。尤其是对于初涉交际场的人而言,更是会受到它的极大影响。

你把一个新人介绍给自己的朋友,想让他扩大交际面,但是他表现得畏畏缩缩,甚至不敢大声交谈,这会不会让你有种抓狂的感觉?或许你会认定,这个新人太差劲,根本带不出来,连话都不敢说,以后能有什么前途!自此之后,你对这个新人逐渐失去了信心,而这个新人也如你所料的那样,慢慢销声匿迹,最终从公司消失了。

于新人而言,他对社交场合十分陌生,难免会担心自己的表现不够好,会影响自己以后的发展,有了第一次不太良好的表现,加上墨菲定律的影响,他会变得更加缩手缩脚,不敢多言。

于你而言,由于新人的初次表现并不好,因此你对他形成了不好的印象,同样是受到墨菲定律的影响,你认定他无法取得成就,于是对他逐渐失去了热情。

由于新人表现不好,你对他失去了信心;因为你对他失去信心,使得新人受到影响,结果表现更加不好,从而使你对他更加失望。在这种恶性循环中,你们被墨菲定律影响得越来越深,以至于新人最终离开公司,而你也失去了一个很好的同事。

在生活中,类似的情况总是不时地发生。在令人惋惜的同时,更应该抓住事件背后的深层原因——墨菲定律!面对交往的对象,不能因为对方某一次的表现不好，就直接给对方定性。你的冷漠和放弃，可能会令对方遭受重创，甚至一蹶不振！

"怕"并不可怕，真正可怕的是"怕"背后的东西。只要能够抓住"怕"的本质，也就不难克服这个弱点了。

泰然自若：任他风吹浪打，情绪河里不翻船

<u>在这个纷繁复杂的社会中，损人利己的人比比皆是，一不留神，就可能掉进别人挖好的陷阱中。如果你因此而阵脚大乱，那就遂了对方的心意，或许会使自己落入万劫不复的境地。</u>

在社交场合中，许多人都会通过心理战术来应对自己的交际对象。面对交往的人，我们应该适度地保持警惕，以防中了对方的诡计或掉进对方设计好的陷阱中。

有些人会非常乐意抓住你的小辫子，以此对你造成威胁，使你落入被动的境地。中国北宋著名文学家苏洵曾经写过《心术》一文，其中有"泰山崩于前而色不变，麋鹿兴于左而目不瞬"的名句，说明了修身养性、遇事沉着的重要性。

在现代社会中，各种竞争十分激烈，有些甚至到了白热化的地步。为了自己的利益，有些人甚至会做出损人利己的事情。在这个过程中，每一个于他们有利的因素都会成为工具，有时候，你不经意间说出的一句话，都可能成为他们打击你的利器。因此，在与这类人交往时，一定要小心他们给你埋下的"雷"，一旦踩中，你的形象甚至是人生轨迹都会发生很大的变化。

可是，即便你小心翼翼、如履薄冰，也难免在某个时刻遭到"暗算"，

成为对方邀功请赏的噱头。这时，你的表现会怎样？因为被抓住把柄而惊慌失措、坐立不安吗？这样的话，他们就达到了目的，在你的惊恐不安中，他们获得了彻彻底底的胜利。实际上，你首先应该控制自己的情绪，表现出泰然自若的样子，让他们无法了解你的心理状态。只要无法掌控你的心理，他们就无法掌控你的行为。

"水门事件"是美国历史上最为著名的政治丑闻之一，时任美国总统的尼克松为了谋求连任，竟然让自己的安全顾问带人前往竞争对手的办公大楼安装窃听器并偷拍文件资料。没承想，他派出的几个人在行动的过程中被抓，由此牵连出尼克松。尼克松掩盖了事实真相，暂时骗得了民众的信任。然而，纸终究包不住火，尼克松的丑行最终被揭露出来，他在民众中的威望也跌至冰点。可是，尼克松依然我行我素，倚仗手中的权力进行独裁统治，令全国上下抗议声不断。为了平息民愤，最终尼克松不得不宣布辞职，以极不光彩的方式结束了自己的总统任期。

"水门事件"的发生，是尼克松自己给自己挖下的大坑。丑闻曝光之后，尼克松不仅没有积极地解决问题，反而用一系列掩饰和欺骗的行为，将自己推进了更大、更深的暗坑中。为了获得连任，尼克松竟然想通过窃听和偷拍的方式去了解对手的动向。如果是在平时，相信尼克松能够对整件荒谬的事情做出正确的判断——即便是普通民众都会因此受到谴责，更何况自己是堂堂的美国总统。但是，竞选的压力太大，使得他的情绪出现了波动，心理受到了影响，所以他才会犯下如此低级的错误。

像尼克松这样自己给自己挖坑的情况并不多见，但是掉进别人挖的坑中的事情屡见不鲜。为了从容应对不期而遇的诡计和陷阱，我们平时要多锻炼自己的心理素质，在出现负面情绪时及时将其克制，尽量将负面情绪对自己的影响降到最低程度，最好是泰然自若，不受影响。因为只有控制住自己的情绪，保持镇定和坦然，才能更加从容地应对局面，想出解决问题的办法，甚至给对方以致命的还击。

马斯洛曾经说:"在我们感到非常疑惑且好像闯下了大祸的时候,如果你能掌控好自己的那些消极情绪,或许事情就会出现不一样的结果。"无论面对多么艰难的局面,控制情绪都是最好的处理方式。保持镇定,整个事件的脉络就会变得清晰起来,解决问题的方法也会随之浮现出来。

詹森效应：没人想关键时刻掉链子

关键时刻，方显英雄本色。可惜能做英雄的人毕竟少之又少，掉链子的倒是大有人在。掉链子没有关系，只要不被"链子"压倒就没问题。

有一位名叫詹森的运动员，平时训练十分刻苦，个人能力出类拔萃，可是一到比赛的时候，他总是以失利告终。于是，人们把这种平时表现良好，关键时刻掉链子的现象称作詹森效应。

在日常生活中，我们也常常遇到这样的情况。

晓梅的学习成绩很好，平时模拟测试能在全校排进前十名，老师对她抱有很高的期望，希望她能够考进名牌大学，成为学生们的榜样。

然而，只要到了正式考试，无论她的备考工作做得多好，最后的结果总是不太理想。小学升初中，初中升高中，再到高中升大学，都是一样的情况。第一次高考时的成绩不理想，这让她对自己非常失望，于是复课再次参加，可是连续参加了三年高考，她依然无法完全展现自己的实力。无奈之下，晓梅只能到一所普通大学继续学业，终究没能实现就读名牌大学的梦想。

究其原因，晓梅是由于心理压力太大，受到了詹森效应的影响，最终才没能在考场上获得优秀的成绩。晓梅想要证明自己，于是三次参加高考，其承受的压力一次比一次大，使得她的心态发生了变化，进而影响了她的临场发挥。

当你压力很大，需要舒缓心情的时候，有些人总会跳出来，不断地对你说"放松，放松，没事的"，当时的你肯定对他心存感激，觉得能在关键时刻安慰你的人才是值得交往的朋友，但是你没留意到，他的安慰无形之中加大了你的压力，以至于使你陷入压力的深潭中难以自拔。

又或者，你的朋友压力很大，你想帮他纾解一下，于是很热情地让他不要紧张，松弛下来。没想到，朋友对你大发雷霆，甚至让你哪凉快哪待着去。好心被当成驴肝肺，大家往往都会觉得气愤，甚至觉得这样的朋友没法交。实际上，你觉得自己的行为有助于朋友释放压力，可是他的压力反而增大了。想让他释放压力，最好的方法是根本不要提及压力，而是通过旁敲侧击的方式，让他自然而然地远离压力。比如，选择一些休闲娱乐的方式，一起打打球、玩玩牌等都是非常不错的解压方式。

每个人都可能遇到关键时刻掉链子的情况，因为越是关键时刻，人们给自己的压力越大。越是告诉自己放松，越会产生更大的压力。因为你不断地告诫自己"不要有压力"，这反而等于在暗示自己压力的存在，由此产生更大的压力。

面对关键时刻掉链子的人，很多人都会觉得无奈和惋惜，毕竟他有很强的能力，可是无法展现出来。随着时间的推移和掉链子次数的增多，与其合作的人会变得麻木甚至是怒其不争，这就使得那些容易掉链子的人更加容易掉链子。他们并非无法做好，只是心理的障碍难以克服而已，对他们多一些宽容、支持和温暖，他们才能更有信心地面对困难、面对自己。

心理测试

实话实说，人品差的人通常都交不到朋友。尽管刚刚认识的时候无法准确地判断一个人的人品，但是长期接触之后就知道他值不值得交往。你觉得自己的人品怎么样？是不是已经被你败光了？做个测试题，看看你的人品到底怎么样。

下面的几种物品，你最喜欢哪种？

A. 水晶
B. 翡翠
C. 琥珀
D. 珍珠
E. 珊瑚

结果分析

选择A：或许你早就已经知道，你的人品快要败光了，因为你在不停地消耗它。假如你不尽早积攒人品，未来的生活可能真的很难熬。你一定要赶紧采取行动，为积攒人品做出更多的努力。无论是帮助别人，还是改变自己老好人的形象，或是充分展现个人的能力，都要想方设法地增加自己的魅力。毕竟只有提升了自己的人品，自己的想法才能变成现实。

选择B：你的人品其实并不算差，毕竟思前想后，你都算不上一个坏人，不会违反规定，也不会伤害别人。可是谁敢说无害的人就一定有功劳呢？有时候消极的态度也会败坏人品。眼下，你得努力做些好事，关心别人，多多提升自己的人品才行。

选择C：有时会感觉非常无奈，因为做所有的事情都觉得充满挫折。有时也会感觉困惑：为什么别人的事情总能做得那么完美，而自己的工作总会被人找出毛病？其中的原因其实很简单，主要是你的人品早就被你败光了。从今往后，无论做什么事情，都要脚踏实地，说话之前要三思，逐渐积攒人品。

选择D：千万不要感觉自己还有很多人品，就有点飘飘然啊！假如你放松下来，人品早晚也会被你败光的。好在你平常做人做事还可以，和朋友交往的时候总是以诚相待，做事情的时候也会坚持自己的原则，对工作也算勤劳、努力。在今后的日子里，一定要不断地坚持努力下去，不然人品总有败光的时候。

选择E：你是一个感觉敏锐的人，思考问题十分缜密，平常非常注重个人的修养，积极地积攒人品。但是，有时你会受情绪的左右。心情好的时候，你就像天使一样；心情不好时，你也会变成一个魔鬼。这一点不是很好，要想时刻维持好人品，平和的心态是必不可少的。

第四章

受赞欲望

追求赞美的"糖衣",留意隐藏的"炮弹"

每个人都希望得到赞美,
都喜欢嘴上抹蜜的人,
只是有些蜂蜜后面是取人性命的锋利长矛!
享受"糖衣"的时候,
千万警惕"糖衣"里藏着的"炮弹"!

距离效应：甜言蜜语背后的剑最伤人

面对嘴上抹了蜜的人，必须得多留一个心眼。因为不知什么时候，甜蜜的话语背后或许就会露出一把利剑，让你在不知不觉间受到伤害。

在人际交往中，最可怕的就是那些口蜜腹剑的伪君子。这些人表面上对你赞赏有加，将你捧得高高的，其实心里对你充满了嫉妒和愤恨。一旦你被他假意的赞美欺骗，对他放松警惕，就极易被他的"腹剑"刺伤。

口蜜腹剑的人往往心肠狠毒，他们经常将自己的幸福构建在别人的痛苦之上，最擅长的手段就是心口不一、损人利己，为了迷惑别人，更多地牟取个人利益，他们会用友善的面孔伪装自己，令你在没有防备的情况下遭受重创。

说起口蜜腹剑这个成语，它的出处和唐朝大员李林甫有着十分紧密的关系。

从才能上说，李林甫绝对堪称一代才子，他的书法很好，在画画方面也很有天赋。可是，在待人接物方面，他是一个十足的伪君子。而他的为官之道，则是千方百计地迎合唐玄宗的口味。他还想方设法地和唐玄宗信任的宦官及妃子打成一片。因此，李林甫颇受唐玄宗器重，得以在朝廷中屹立十几年而不倒。

在与人交往时，李林甫表面上表现得十分亲切、友好，说的话都十分动听，给出的意见也十分中肯，令听到的人感觉相当惬意。然而，真实的他和外在的表现完全不同，甚至截然相反。他是一个人性险恶、奸诈狡猾的人，常常想出一些坏主意来害别人。

人们最初和他交往时并不知道他的险恶用心，但是时间久了之后，大家对他有了深刻的认识，开始对他敬而远之。大家都在背后议论他说"口有蜜，腹有剑"，说他说话时嘴上像抹了蜜一样，心中却藏着一把害人的利剑。

在我们身边，像李林甫这样口蜜腹剑的大有人在，与他们交往的时候，一定要认真辨别，认清哪句话是真，哪句话是假，以免上当受骗，成为对方谎言的牺牲品。和这种人交往，最好和他们保持一定的距离，关系不能太近，但是也不能太远。

关系太近的话，你的一言一行、一举一动，都暴露在对方的眼皮底下，他随时都能刺你一剑，这无疑是引狼入室；关系太远的话，对方会在别人面前百般诋毁你。在心理学上，有一种"距离效应"的说法，对于应该如何保持与这种人的距离有一定的帮助。和这种人相处，还要注意以下几点：

1. 不要独自揭发他们

口蜜腹剑的人从来不会认识到自己的虚伪，一旦你出于正义揭发了他们，他们就会想方设法地算计你，令你焦头烂额。

2. 表面上要保持良好的关系

无论你如何讨厌他们，都要在面子上过得去。这不是虚伪，只是"以彼之道，还施彼身"，以免出现难以收拾的局面。

3. 三思而后行

无论说话还是做事，都要小心谨慎、深思熟虑，不能给他们抓住把柄的机会。尤其是涉及隐私问题时，更不能随便谈论。

4. 不能和他们有利益上的往来

不要被他们的花言巧语蒙骗，想从他们那里获取利益，除非太阳从西边出来！

5. 吃亏是福

和他们交往的时候，即便吃点亏也没什么关系，放宽心，随它去就是了。

和这种人计较太多，往往会吃更大的亏。

口蜜腹剑的人总会在不知不觉间出现在我们身边，他们的"腹剑"往往防不胜防，但是，只要与他们保持适度的距离，对他们那些赞美的话进行认真的辨析，总能发现一些蛛丝马迹，看透他们那奸诈的人性。

先扬后抑：赞誉固然可喜，却不可被其迷住眼睛

在社交场合中，难免会遇到一些说话喜欢转折的人。他们对你的赞誉，只是为了给你接受他们之后的批评做铺垫而已。

相信每个人都有这样的经历：一般情况下，先听赞誉再听批评比先听批评再听赞誉让人感觉更舒服、更容易接受一些。这是因为，以先赞誉后批评的方式与人沟通，就像牙医在给你拔牙之前要使用麻醉剂一样，尽管你仍然需要忍受拔牙的痛苦，但是麻醉剂毕竟能减少一些痛苦。

美国前总统柯立芝是一个沉默寡言的人，平时很少赞扬别人。一天，柯立芝突然对他的一位秘书说："你今天穿的这件衣服非常漂亮，你确实是一位散发着迷人魅力的年轻女士。"

这也许是这位秘书听到过的最令人难以置信的赞誉之词，完全出乎她的意料，她感觉有些不知所措，脸上泛起了红晕。

没想到，柯立芝接着说道："好了，不用太过高兴。我之所以这样说，是因为想让你心里舒服一些。从现在开始，我希望你能对标点符号多留意一点。"

尽管柯立芝的话说得太过直白，赞誉的目的也过于明显，可是他采用的这

种方法是非常高明的。一般情况下，我们听到别人对我们的赞誉之后，再去听一些令人感觉不舒服的事情，心里总会好受很多。

1896年，麦金尼在竞选美国总统时，也曾用过这样的方法。当时，共和党的一位重要人士亲自写了一篇竞选演讲稿，而且他认为自己写得比谁都好。于是，这个人将自己的演讲稿念给麦金尼听。演讲稿中的一些观点确实很不错，但是很容易引发民众的批评，所以用它进行公开演讲并不是十分合适。麦金尼并不想伤害这个人的积极性，但是又必须让他放弃自己的演讲稿。这是一个艰难的过程，但是麦金尼处理得非常巧妙。

"亲爱的朋友，这篇演讲稿确实非常精彩，充满了力量，"麦金尼说，"没人能像你写得这么好。在很多场合中，你的那些观点都准确无比，但是，在眼下这种极为特殊的场合，是不是很合适呢？从你的角度出发，这篇演讲稿非常契合主题，但是我们必须从全党的利益来考虑它所产生的影响。现在，你赶紧回家，按照我说的要求重新写一篇演讲稿，而且要送一份副本给我。"

这个人真的按照麦金尼的要求重新写了一篇，麦金尼为他进行了润色。后来，这个人成了竞选活动中最重要的一名演讲者。

麦金尼用先赞誉后否定的方式，保护了这个人的积极性，从而使他成为重要的竞选伙伴，为自己的竞选赢得了有力的支持。

在生活中，我们会遇到很多类似的情况。有些人会先从赞扬开始，说着说着，就会用一个"但是"进行转折。这时候，你应该明白，接下来讲的话才是重点，前面那些赞誉之词，不过是为了安抚你的情绪，让你心理上感觉好受一些而已，并不一定是对方的肺腑之言。所以说，在你听到赞誉的时候，千万不能过于乐观，感觉自己确实做得很好，更不能扬扬自得、忘乎所以。

面对赞誉时，要时刻保持清醒的头脑，时刻提醒自己注意对方口中的转折。只有抓住转折，才能抓住讲话的重点，从而把握住对方讲话的真实目的。与这样的人打交道，心理方面确实很累，但是，只要看透了他们的本质，看清了他们的心理，你就懂得如何应付他们了。

也许你会觉得这类人十分虚伪，给批评穿上赞誉的外衣，一点也不光明磊落。但是从另外一个角度来说，他们这样做正是考虑到了你的感受，希望减少批评对你造成的伤害。事实也证明，赞誉之后的批评确实更容易让人接受。试想一下，如果你想批评别人，是不是也希望别人能够更舒服地接受呢？

总而言之，只要我们自己能够控制住对赞誉的向往，面对赞誉的时候能够不受迷惑，无论对方采用何种方式，我们都可以轻松应对。

赞美陷阱：赞美的花丛夹道，谨防一脚踏空

> 没人可以理所当然地享受他人的赞美，更没人会无缘无故地赞美别人。当你受到赞美的时候，一定要仔细看清，赞美的背后是不是有一个深不见底的陷阱。

每个人都希望听到赞美的声音，这是人的天性。而且，在面对赞美的时候，人们往往会缺乏免疫力，出现麻痹大意的情况，难免对交往的对象放松警惕。这种放松，恰恰是对方一直等待的机会，一个不小心，你就会掉进对方挖下的陷阱里。

在社交场合中，假意赞美是很多人都会使用的心理战术，一旦你无法识别真假，那就只能成为对方通向成功的牺牲品和垫脚石。

李超和董磊在同一个公司上班，两个人共事了三年，关系非常亲密。李超十分耿直，他把董磊当作好朋友，所以一向是有什么说什么，从不遮遮掩掩。董磊很有心计，凡事都会留个心眼，说话、做事都很谨慎。

由于公司发展的需要，公司高层决定在他们两个人中提拔一个做副总经理。然而，两个人平时的业绩相差无几，能力也不分伯仲，选择起来并不容易。于是，公司高层决定设定三个月的考察期，在这段时间里，谁的表现好，谁就能得到提拔的机会。

第四章　受赞欲望：追求赞美的"糖衣"，留意隐藏的"炮弹"

从得知公司的决定开始，李超和董磊变得更加努力起来，为了升职的机会，两个人展开了激烈的竞争。李超只知埋头苦干，而董磊在努力之余总是不忘"赞扬"一下李超。

"李超，我看你这几天的业绩不错啊，我都没找到什么客户。""不会吧，我觉得你也还行啊！"

"李超，你的业绩都这么好啊，我真是羡慕死你了！""也没有，我感觉咱们两个差不多啊。"

"李超，我是没法跟你比了，副总经理的位置肯定是你的了。""别这么说，没到最后，谁也不知道结果。"

"李超，你太厉害了，我的头都大了，你还这么轻松。""也不是，其实我的压力也很大。"

在董磊日复一日的"赞扬"下，李超的精神慢慢地松懈了下来，总觉得自己的表现相当不错。而董磊呢，每天加班加点，在李超看不到的时候努力提升自己的业绩。

结果，在三个月的考察期结束时，董磊的业绩超出李超不少，最终得到了升职的机会。面对这个结果，李超心有不甘。当事实摆在眼前的时候，李超才认清了董磊的真面目：他的那些"赞扬"，原来只是迷惑我的手段而已，实际上他是在设法拖慢我的脚步，以此来进行反超。

在人际交往中，很多人吃过假意赞美的亏，结果受到别人的算计或是变成别人的工具。然而，即便如此，还是有很多人心甘情愿地跳进赞美的陷阱。究其原因，渴望得到赞美的心态是使人迷失的一个重要因素。

当一个人不停地赞美你，有些赞美甚至言过其实时，你就要多加注意了，因为赞美的背后很可能是一个深不见底的陷阱，一旦踏入其中，你就会落入万劫不复的境地。有些人为了达到自己不可告人的目的，会在交往的过程中假意地赞美你，让你得到心理上的满足，一旦你放松警惕，他就会用各种手段来对付你，在你扬扬得意的时候给你致命一击，让你毫无还手之力。当所有的问题都集中在你的身上，所有的人都对你心生抵触的时候，你有再多的才能也都无从展示,只能遗憾地失去表现自己的机会。

　　受人赞美固然可喜,但是在接受之前应该对自己有一个准确的定位,根据自己的条件,对那些赞美之词进行细致的甄别。与自己相符的,可以坦然接受;与自己不符的,则要小心应对。千万不能被赞美迷住眼睛,以至于看不清对方的心理,直到落入陷阱才恍然大悟,追悔莫及。

阿谀奉承：拍马屁是人际关系的润滑剂，但请别滥用

每个人都说讨厌拍马屁的人，实际上心里十分乐于享受被拍马屁的感觉。想要获得赞美，这没有错，只是千万不能被"马屁"迷惑了眼睛。

一说起拍马屁，相信很多人都会嗤之以鼻，认为这种人令人厌恶，只懂得用这种粗俗的手段获取别人的好感，连根本的做人原则都没有。实际上，尽管拍马屁时常和阿谀奉承之类的贬义词语联系在一起，但从根本上说，它不过是一种赞美别人的手段而已。

拿破仑曾经说："不喜欢别人对自己拍马屁的人简直是凤毛麟角。"在每个人的内心深处，都有得到认同、受人喜爱的心理需求，而拍马屁恰好能够满足人们的这种心理欲望，所以，无论人们嘴上如何说着讨厌拍马屁的行为和人，在潜意识里人们依然向往有人拍自己"马屁"。

拍马屁并非毫无根据地说些谄媚的话，而是借助一种更加隐秘的方式对人进行恭维和赞美，使得双方的关系变得更加融洽。从这个角度出发，说拍马屁是人际关系的润滑剂一点都不为过。更何况，你说的那些美妙言辞并不会让你损失什么东西，只要对方愿意被拍马屁，那就会形成双赢的局面，何乐而不为呢？

王小美是一家公司的前台接待，在这个岗位上干了几年之后，她的拍马屁

技术已经练得炉火纯青了。

看到总经理，她会说："总经理好，今天精神真好啊，这套衣服非常适合您，眼光真是太好了！"

见到人事经理，她会说："您今天的妆化得很漂亮，什么时候您得教教我，跟您比起来，我的化妆技术太差了。"

遇到同事，她会说："嘿，你上次那个方案真不错，要是让我想，我肯定想不出来。"

即便碰到保洁阿姨，她也会说："阿姨啊，您这地擦得也太干净了，我都不忍心踩了。"

王小美能和公司里的所有人都保持良好的关系，正是得益于她那善于拍马屁的说话方式。

在人际关系中，赞美是一种常用的社交手段。通过赞美对方，不仅能够让对方心花怒放，从心理上放松警惕，还会对你产生极好的印象，由此引发的连锁反应，会令你成为交际场合中最受欢迎的人。正因如此，很多人都会用拍马屁的方式赢得别人的好感，以此达到进一步交往的目的。

面对别人的拍马屁，很多人难以抵制其诱惑。实际上，拍马屁的人往往希望通过你达到某种目的。一旦你安然地享受这种被拍马屁的感觉，那么你很可能会被对方抓住把柄，不慎落入悲惨的境地。这就要求我们看清"马屁"的内容，看透拍马屁者的心思。

喜欢被人拍马屁，这本无可厚非，人性本就如此，没人能够强行改变。但是，面对这一切的时候，一定要懂得克制自己的欲望，绝对不能不知满足、贪得无厌，否则润滑剂就会变成不定时炸弹，随时可能给双方造成难以估量的损失。而这润滑剂虽好，我们自己也不要滥用，适可而止，以免造成他人的损失。

"绑架"策略：夸你几句，你就得乖乖就范

> 很多时候，我们会在无形中被人"绑架"，而且总是乐呵呵地接受"绑架"，因为我们跨不过赞美的诱惑，往往被夸几句之后就失去了抵抗力。

随着社会的发展和进步，越来越先进的电子产品走进了千家万户。随之而来的，是越来越便捷的沟通方式。无论你在地球的哪个纬度，只要一个电话，就能听到对方的声音；只要一个视频，就能看到对方的影像。现如今，QQ、微信、微博等交流方式已经成为人们生活中不可或缺的一部分。

在微信中，我们常常能够遇到一些陌生人，双方互加好友之后，并没有实质上的交流。对双方而言，对方只是一个粉丝或关注对象，其作用不过是互相点赞、评论而已。试想一下，如果对方每天都给你的微信点赞，你会好意思不给对方点赞吗？相信大多人的答案都是否定的。这是因为，每个人心里都有公平原则，当别人为自己付出的时候，如果自己没有丝毫的回报，那么心里就有愧疚感。

人们常说的"吃人家的嘴软，拿人家的手短"就是这个道理。对方请你吃一顿饭，你也会想方设法地回请对方一顿；对方送给你一个礼物，你也总想找机会回送一个；即便是不认识的人，对方冲你微笑，你也会以微笑回应对方。这种回报仿佛欠债还钱一样，是一种天经地义的事情。

与人交往的时候,如果对方总是夸你,你的心中自然会产生报答对方的念头,这种时候,无论对方让你干什么,你都会不好意思拒绝,有时甚至会硬着头皮答应下来。通过几句赞美的话,对方就在无形之中"绑架"了你的思想,让你变成了被操纵的工具。

赵刚和女朋友约好了一起去看电影,电影结束之后,两个人一起在街上漫步。

这时,从对面走过来一个卖花的小姑娘,对赵刚说:"先生,买束玫瑰花吧!您的女朋友这么漂亮,这玫瑰花正好配得上她。"

赵刚的女朋友喜上眉梢,一看这种情况,赵刚急忙说:"嗯,说得没错!这花多少钱?"

"不贵,才五十。"

"不对吧,人家都卖三十。"

"那种花太低档,根本配不上您的女朋友。再说了,您这么有眼光,肯定早就看出我的花和那种三十的花的差别了。"

"这倒是,你的花更娇艳一点。好吧,来一束。"

"先生,既然您这么爽快,又这么爱您的女朋友,那您就买这束一百的吧。看您这么大方,给您算八十,怎么样?"

"好的,没问题!谢谢你啊!"

赵刚给了钱,拿过了玫瑰花,就这样心甘情愿地被卖花的小姑娘"绑架"了。

在我们的身边,总会有很多像卖花的小姑娘这样的人,为了达到自己的目的,他们用夸奖的语言蒙蔽你的思想,让你不由自主地跟着他们的思路走,按照他们的要求去做一些事情。一旦你接受了他们的赞美,再想拒绝他们就是极为困难的事情了。因为你的思想已经被深深套牢,内心深处的愧疚感已经让你无从拒绝。在与人交往的时候,要注意对方的"绑架"策略,一旦发现谈话有走偏的倾向,就要立刻调整自己的讲话方式,或是改变话题,让对方的策略没有施展的空间。一旦你被对方"绑架"成功,那最终的结局只能是"哑巴吃黄连——有苦说不出"。

"绑架"策略往往以不经意的赞美开始,从你接受的那一刻起,赞美的"枷锁"就越来越紧地套在你的身上,等你最后被"锁死"的时候,你才会发现自己从一开始就上当了。当你醒悟过来,想要挣脱"枷锁"的时候,却为时已晚了。

阿伦森效应：夸奖的话不能一次说完

<u>人的欲望是无穷的，总是希望得到更多的夸奖、赞美。所以，将夸奖的话分割开来，每一次见面都夸奖一番，其拉拢人心的效果比一次性讲完所有夸奖的话的方式更好。</u>

阿伦森效应是心理学上的一种说法，它指的是这样一种心理现象：随着奖励的减少，被试的态度会变得越发消极；随着奖励的增加，被试的态度则会变得越发积极。阿伦森效应也可以指人们更喜欢那些对自己的喜爱、奖励、赞扬持续增加的人或物，而不喜欢那些对自己的喜爱、奖励、赞扬持续减少的人或物。

阿伦森效应在生活中有很多常见的事例，有助于我们更加深刻地理解和掌握这一效应。

在某小区的一栋楼后面，停放着一辆废弃的小汽车。小区的孩子们很喜欢在车厢上玩耍，他们一边蹦蹦跳跳，一边大声喊叫，发出的噪音令周围的居民感觉非常厌烦。家人们前去阻止，没想到他们蹦得更欢，根本没把大人的话放在心上，大家无可奈何。

有一天，一个人来到孩子们跟前说："小朋友们，咱们进行一场比赛吧，谁蹦的声音最大，我就奖励给谁一个玩具。"孩子们欢呼雀跃，都用尽全力地蹦跳，蹦得最响的小朋友果然得到了一个玩具。第二天，这个人再次出现，他对孩子们说："小朋友们，咱们继续比赛吧，今天获胜的小朋友能够得到一包饼干。"孩子们感觉奖品不如昨天，所以都没有投入那么大的精力，蹦跳的声音一下小了很多。第三天，这个人又来了，他对孩子们说："小朋友们，今天比赛的奖品是两颗糖果。"听到他的话之后，孩子们纷纷从汽车上跳了下来，嘴里说着"不跳了，不跳了，还不如回家看电视呢"。

由于奖励变得越来越少，孩子们的心理出现了变化，当奖品远不如他们的预期时，他们的积极性就完全消失了。在阿伦森递减效应的影响下，孩子们放弃了蹦跳，噪音问题终于得到了解决。

假设，在你家附近有两家商店，你分别到两家商店去买一斤瓜子。

第一家商店的老板先在秤盘里盛进分量不够的瓜子，然后一点一点地往里添瓜子，直到称够一斤为止。第二家的老板则是先在秤盘里盛进超过一斤的瓜子，然后从秤盘里一点一点往外拿，直到分量够一斤为止。

尽管瓜子的分量是一样的，但是从心理感觉上，你会对第一家商店的老板印象更好，以后也更愿意到他那里买东西。这是因为，第一家商店的老板不断添加瓜子的行为让你觉得自己占了便宜，从心理上满足了你的愿望；第二家商店的老板不断地从秤盘中拿出"属于你"的瓜子，这让你觉得吃了亏，心理上产生了不满的情绪。

在人际交往中，有些人会从某个方面夸奖你，到下次会面的时候又从另一个角度夸奖你，即便他们看出了你身上的优点，也不会毫无保留地夸奖你的各个方面。因为他们对阿伦森效应有着深刻的认识，知道在一次性地夸奖之后，如果没有了后续，那么你的心里会对其产生不好的印象；而每次都夸奖你，能够不断地满足你那"希望被夸奖"的欲望。

由此可见，当一个人每次说话都会夸奖你几句时，他可能正在通过这种方式让你受到他的影响，进而逐步引导你的心理，让你呈现出他所希望的状态。这时，你一定要保持清醒的认识，不要简单地认为对方夸奖你是因为认同你，而要透过夸奖的表象，看出他真正的目的。

小心"高帽"：虚荣心理难避免，程度适当显智慧

人都有虚荣心，也都想满足自己的虚荣心。于是，有很多人便投你所好，用"高帽"来迷惑你的心智。谨记一点，有虚荣心可以，但一定要有限度。那样的话，你就不会成为虚荣心的牺牲品了。

在日本流传着这样一句话："假如给猪戴上'高帽'，猪也能爬树。"这句话虽然不雅致，但是其中的道理值得深思。所谓的"高帽"，其实就是一种虚荣心，引申到人的身上，就是说如果你给某个人极高的名声或赞誉，那么他就会努力地去做任何事情，以使自己能够符合你所给予的名声或赞誉。表面看来，这个"高帽"对人有促进作用，会让人发愤图强，努力进取。但是，事实真的如此吗？

试想一下，你是一名刚刚入行的装卸工，本来你一次能搬一个麻袋，但是工友看到你之后说你肯定能搬两个，你听了之后非常高兴，下一次真的搬了两个。工友又说你一次能搬四个，于是你决定搬四个，结果还没走两步就被压伤了脊椎，只能回家静卧休息。躺在床上时，你会不会觉得是工友给你戴的"高帽"伤害了你？没错，工友的做法令你受伤了，但是如果你没有虚荣心，没去尝试自己力所不及的事情，那你会受伤吗？

在社会上，会有很多人给你戴上"高帽"，让你产生虚荣心，而你通常

不会拒绝。这是因为，你希望自己拥有为人赞美的那些东西，也希望将自己最好的一面展现给别人。

莎士比亚曾经说："如果你并不具有某种美德，那你可以假装自己已经有了。"由此可见，为了获得赞美，或是达到自己的某种目的，我们的潜意识会让我们假装拥有了某些东西，这样一来，我们就可以心安理得地接受别人给我们戴上的"高帽"。

在决定戴上"高帽"之前，很少有人会关注这样做会产生什么后果。我们全部的精力和思想都集中在满足自己的虚荣心上，以至于对事情失去了最基本的判断力。

赵铭是一个十分爱慕虚荣的人，很喜欢听到别人对自己的赞赏。无论赞赏是真是假，无论这个"高帽"高到何种程度，他都照单全收，没有丝毫的羞愧之情。

一天，几个同事正在一起聊天。赵铭在旁边听了一阵，但是根本没听懂。正在此时，几个同事因为一个问题争论了起来，几个人争得面红耳赤，谁都无法说服谁。其中一个同事一抬头，看到赵铭在身边，于是说："赵铭，你的知识渊博，世面见得也多，你给评评理，说说到底谁说的在理。"一听这话，赵铭立刻来了精神："好啊，我发表发表意见啊……"赵铭滔滔不绝地讲了半天，但是没有一句话说到点子上。听完他的话之后，几个同事都会心地笑了起来，其中一个同事说道："赵铭啊，你不懂就说不懂，装什么装啊！我们几个就是想看看你是不是真有真才实学，才想出了这么一个主意。"

听完同事的话，赵铭的脸上红一阵白一阵，脸色别提有多难看了。

赵铭这样的人很多人都见过，肯定也有很多人扮演过赵铭这样的角色。看到别人递过来的"高帽"，如果不假思索就往头上戴的话，十有八九会中了别人的圈套。在赵铭这个案例中，同事们正是抓住了赵铭爱慕虚荣的心态，将他捧到一个极高的位置。赵铭未能仔细分辨，结果落入了同事们设计好的陷阱之中。

在当今社会中，捧你的人肯定有很多，但是捧了之后就走开的人也不在少数。一旦你接受了被捧，就要做好随时跌落的准备。正所谓"捧得越高，摔得越重"，受捧无可厚非，但是在接受之前至少要为自己找个垫子，以免摔得粉身碎骨。

心理测试

在这个物欲横流、充满竞争的社会中,每个人都需要一些心机。想在这个社会中生活,过于天真往往容易受伤,所以有点心机并非坏事。下面这个测试题,能够测出你的心机到底属于何种等级。

如果和一些与你年纪相仿的朋友去KTV唱歌,你会在第一时间选择哪种类型的歌曲?

A. 新近流行的歌曲
B. 小清新的歌曲
C. 校园歌曲
D. 经典的怀旧情歌

结果分析

选择A:高阶级别。别人感觉你是一个非常踏实的人,你对生活的要求也很简单,只要平平凡凡就行了。你的心机很深,所以一般人很难看透你的内心,反倒觉得你没有什么心机。你是最了解自己的人,只要确定了目标,就会想方设法地达成它。甚至在你达成目标之后,别人都不一定知道。

选择B:原始级别。你的人生并没有什么明确的目标和高远的理想,你觉得这样的生活挺好。但是在其他人的眼里,你的这种思想非常消极。恰恰因为你对生活的态度有些消极，所以才会发生种种难以预料的坏事。由于你不清楚自己的人生目标是什么，所以就不会为了实现目标而有很重的心机了。

选择C：中阶级别。你是一个能力很强的人，很清楚怎么才能把事情做到极致。你很懂得在不同的场合说不同的话，因此别人都感觉你是一个左右逢源的人，有时会不由自主地对你心存戒备。你的心机尚处于中阶级别，有时间多学学如何隐藏心机吧，即使你是一只老虎，有时候也应该装作一只小白兔。

选择D：初始级别。你是一个毫无心机的孩子，性格十分耿直，平常并没有什么心眼。与人交往的时候，你的神经通常都很大条，说话非常直接，甚至有时给对方造成伤害，自己却浑然不知。由于你毫无心机，即便有一点小心思，也会在脸上和嘴上表露无遗，别人稍一观察就能看透你的心思了。

博弈人生

追逐利益是本性,掌握规律才可得

古往今来,
人们追逐利益的脚步从来没有停止过。
这种欲望长期存在于人们的心底,
为了得到更多的个人利益,
人们愿意做出各种努力和尝试。
然而,即便绞尽脑汁,
也不是每个人都能达成自己的愿望的。
只有那些掌握相应规律的人,
才能最大化地获得个人利益。

边际效益递减规律：利益减少，让对方先着急

一味地投入，无法保证让你获得越来越多的收益。一旦你的收益减少，也要让对方的收益同时减少，这样，对方才会感受到压力，从而愿意与你同甘共苦、同舟共济。

在生活中，你可能有过这样的经历：饭菜做得很香，你很喜欢吃，于是很快吃完了一碗饭，接着又吃第二碗、第三碗……如果一直让你吃的话，你就会觉得饭菜变得越来越难吃，越来越吃不下去了。之所以出现这种情况，原因有两个：一是你已经吃饱了，撑得吃不下去；二是你有些吃腻了，饭菜已经无法吸引你。这种现象十分普遍，它和经济学上的一个基本概念——边际效益递减规律有着很大的关系。

所谓边际效益递减规律，指的是这样一种情况：在一段时间之内，其他的条件保持不变，当消费量不断增加时，初始阶段的边际效益会有所增加，总效益增加的幅度会比较大，但是消费量积累到一定程度之后，随着消费量的增加，边际效益反而会相应减少。如果边际效益的数值是正数，那就说明总效益仍在持续增加，但是增加幅度已经没有之前那么大了；如果边际效益的数值是零，那就说明消费量已经达到饱和状态，总效益已经达到最大值且不会再有任何增加；边际效益的数值为零之后，如果继续增加消费量，那么总效益就会从

最大值逐渐减少。

在实际生活中，我们应该如何运用边际效益递减规律呢？从经济学的角度来说，应该采取最佳的方式对资源进行配置，因为投入太多的话，反而会使总收益有所减少。将这个规律扩大化，推广到人际交往中也同样适用。在交往过程中，利益关系是人们不得不面对的一个问题，尽管这样说有些过于实际和不近人情，可是优先考虑自己的利益，这也是人的心理常态。

很多人应该都有过这样的经历：有些人刚刚与你交往时，往往会想尽一切办法为你做所有力所能及的事情，以此换取你对他们的好印象。面对他们的殷勤，你总会以相同的态度予以回应，竭尽所能地为他们介绍朋友、拓展业务等。一段时间之后，当他们认识了新的朋友，开拓了新的业务，就会逐渐淡忘你，甚至与你完全断了联系。这是因为，他们觉得在你身上花费时间和精力已经没有利益可图。在与你交往的过程中，他们的边际效益越来越少；当你对他们的新业务毫无帮助的时候，他们的边际效益甚至已经变成了负数。这种情况下，他们对你变得冷淡也就不足为奇了。

为了利益而不惜一切的观念并非主流思想，但是以利益为重的人为数不少。对于这种人，我们只要将他们的种种劣行告诉自己的朋友，让朋友们认清他们的本来面目，这样的话，失去合作伙伴，他们的利益就会大幅减少。对于将利益视作生命的人，将他们的利益拿走便是最好的应对方法。

一个聪明的、想要攫取更多利益的人，往往不会做"卸磨杀驴"之类的蠢事，即便暂时没有合作的机会，也会培养彼此的感情，为今后的合作和发展打下坚实的基础。一个真正懂得追逐利益的人，绝对不能只讲利益，而要始终将人情放在心中，这样才会赢得更长远的利益。

互惠原则：做出让步的时候，有必要附加一些条件

便宜不能一人占尽，让他得到利益，首先要保证自己也能得到利益。在互惠互利的前提下，帮助对方就等于帮助自己，双赢的局面才会如期出现。

所谓互惠原则，就是受到别人的恩惠，就要及时地给予更多的回报，不然心里就有亏欠的感觉。在中国传统文化中，有"礼尚往来""互惠互利"之类的说法，这些都是对互惠原则的极好诠释。在亲朋好友之间，互惠原则就有诸多的体现。比如你结婚的时候，朋友给你包了五百块钱的红包，等朋友结婚的时候，你至少也会包上五百块钱的红包，有些人甚至要包一个比五百更大的红包，这是因为中国人把人情看得很重，在回礼方面绝对不会有任何的马虎。

涉及亲情、友情的时候，互惠原则多是出于自愿，是自己内心的一种主动回馈。但是在社会生活中，有很多人巧妙地利用这一原则，在做出让步的时候，总要附加一些条件，为自己争取更大的利益。

小马是一家大型公司的人力资源总监。有一次，一位著名的培训专家正在当地为其他公司进行培训，于是公司领导临时委派小马去邀请专家到公司进行演讲。专家的行程通常都是安排好的，而且时间十分紧凑，所以小马对这个任务并没有成功的把握。

不出小马所料，在他登门拜访，向专家说明自己的来意之后，专家的脸上露出为难的神情说道："我的行程都已经安排好了，现在突然更改的话恐怕有些困难。"

"老师，我知道您工作繁忙，但是我们公司领导早就仰慕您的大名了，非常希望聆听您的演讲。领导特意交代我，哪怕只有万分之一的可能，也要尽全力邀请您前往。所以说，如果您能于百忙中抽出一点时间，那么我们是绝对不会亏待您的。"

听了小马的话之后，专家十分高兴："好吧，我问一下我的秘书，看看能不能重新安排一下档期。"

几分钟之后，专家对小马说："问题解决了，我已经让秘书重新安排了行程，我就按照你们定下的时间去贵司拜访吧！"

"太好了，真是感谢您！我们领导知道之后一定非常高兴。我们敬待您的光临。"

"我一定会按照约定的时间前往，只是这样安排给我增加了负担，所以演讲的价格要在原来的基础上增加20%。"

"没问题，这个好说。"

说完之后，两个人在合约上签下了自己的名字。

小马和培训专家各取所需，最终达成了一致，这就是互惠原则的良好体现。

每个人都有追逐利益的欲望，只要能够通过合适的方法满足对方，而且能让自己获利，那就可以尝试去做。毕竟是双方都能得利的事情，何乐而不为呢？

马太效应：胜利者多助，失败者寡助

所谓"胜者君王败者寇"，将"君王"和"寇"放在一起，人们很容易就会做出"支持胜利者，抛弃失败者"的决定。如果你觉得得到的帮助太少，那就努力成为胜利者吧！

马太效应源自《圣经》的《新约·马太福音》中的一则寓言：

很久以前，有一个国王准备出门远行，临走之前他把仆人们叫了过来，将自己的家业托付给他们。按照几个人不同的能力，国王分别给了三个人五千银子、两千银子、一千银子。

领到五千银子的仆人，拿着钱去做生意，又赚了五千银子；领到两千银子的仆人，赚到了两千银子；领到一千银子的仆人，则找个地方把银子埋了起来。过了很长一段时间之后，国王回来了，分别找几个仆人算账。

领到五千银子的仆人来到国王面前说："我的主人，您给了我五千银子，现在我又赚了五千银子。"国王听了之后非常高兴，于是将那一万银子都奖励给了这个仆人。

领到两千银子的仆人来到国王面前说："我的主人，您给了我两千银子，现在我又赚了两千银子。"国王听了之后也很高兴，于是将那四千银子都奖励给了这个仆人。

领到一千银子的仆人来到国王面前说:"我的主人,您给了我一千银子,我怕它丢了,于是将它埋了起来。您看,这就是您给我的那一千银子。"国王听了之后很不高兴,将那一千银子也给了那个拥有一万银子的仆人,并且说:"凡是有的,就要再给他一些让他富余;凡是少的,就要把他所有的都夺过来。"

马太效应说明了一个简单的道理——多者越来越多,少者越来越少。它在社会的各个方面都有所应用。比如说,一个孩子的学习成绩很好,那么他在各个方面的表现都不会太差;一个学习成绩不好的孩子,则可能在各个方面都表现不佳。这是因为,人们都喜欢学习成绩好的孩子,所以对他们以表扬和鼓励为主,使得他们更加积极努力地投身各项活动之中;而对成绩不好的孩子却不太待见,所以对他们以批评教育为主,这就挫伤了他们的积极性,令他们总是以消极的态度对待各项活动。这个例子说明,优秀的人往往会越来越优秀,差劲的人往往会越来越差劲。

在社会交往中也是一样,大家更喜欢那些成功人士,如果需要投资项目,也更愿意投往成功人士支持的项目上。如此一来,成功人士的人脉就会越来越广,财富就会越来越多。那些无权无势、声望不高的人呢?即便他付出很多努力,即便他做得更好,也很难匹敌那些成功人士。或许有人觉得自己怀才不遇,明明有大把的聪明才智却没有施展的空间,只能跟在那些成功人士的身后寻找机会。细想一下,谁做事情不是为了自己的利益呢?大家跟着成功人士的脚步,无非是因为成功的可能性更高,能够得到的回报更大。

不要对那些戴着"有色眼镜"的人感到失望,因为他们都受到了马太效应的影响。既然已经了解了其中的原因,知道了人们的心理,那就努力让自己变得更加优秀,更加吸引人。只要能够坚持下去,做出一些成绩,逐步扩大自己的影响力,那你就会越来越受人欢迎,你的成就也会越来越大,到时候就能享受到马太效应给你带来的种种益处啦!

登门槛效应：得寸进尺分两面，正确利用价值观

每个人都会得寸进尺，今天满足了他的一个小要求，明天他就会向你提出一个更大的要求，为了避免陷入无法拒绝的处境，最好一开始就斩断门槛。

心理学家们认为，在通常情况下，人们都不愿意从一开始就接受难度较大的要求，因为它们不仅浪费时间、浪费精力，而且很难获得成功。相对而言，人们更愿意接受一些难度较小、比较容易完成的要求。在完成了小的要求之后，人们才会慢慢地接受难度较大的要求。

1966年，美国心理学家弗里德曼和弗雷瑟做了这样一个实验：他们让一组人随机到一些家庭中去访问家里的主妇，希望她们能把一个小小的招牌挂在自家的窗户上，大部分的家庭主妇都同意了。一段时间之后，这组人再次去访问挂了小招牌的人家，希望她们能把一个更大而且不太好看的招牌挂在自家的窗户上，结果又有超过一半的家庭主妇同意了。在第一组人进行实验的同时，另外一组人则去访问了另一些家庭中的主妇，直接提出了让她们在自家窗户挂上大而不太好看的招牌的要求，结果最终同意的家庭主妇还不到五分之一。

从这个实验中，心理学家们总结出一个心理学方面的效应——登门槛效

应。这个效应又被称作得寸进尺效应，它指的是如果一个人接受了别人一个小小的要求，为了避免别人对自己产生认知上的不协调，或者是想给别人留下前后一致的印象，就有可能接受别人更大的要求。这种心理现象，就像登门槛的时候需要一级一级地登上台阶，这样才能更轻松、更顺利地登到更高的地方。

在与人交往的过程中，很多人都会运用登门槛效应来达到自己的目的。当一个人向你提出一个小小的要求时，如果你毫不犹豫地予以帮助，那么下一次他就会提出一个更大的要求。经过数次的积累之后，那个人的要求甚至会大到让你难以承受，可是为了维护自己始终如一的形象，你也会勉强自己答应下来。这样一来，对方一步步实现了自己的目标，而你则一次次地委曲求全，最终会为这种妥协付出极大的代价。

人与人的交往，实际上就是人与人之间的关系博弈，一旦你给了对方可乘之机，让他看到了获取利益的希望，那么他就会不断地从你身上攫取利益。当他把你身上的养分榨干之后，你就变成了毫无用处的废品，那时，倘若他以胜利者的姿态出现在你的面前，你将更加深刻地感受到自己一直退让的严重后果。

在公司中，相信你会遇到这样的同事，在工作上遇到困难时，他会找到你，请你帮个小忙。同事之间，帮个小忙不过是举手之劳，于是你便不假思索地答应下来。可是，从这之后，他总是不停地找你帮忙，即便是很简单的工作，他也会厚着脸皮请求帮助。为了维护面子，你只好应承下来，一边想着自己的工作，一边还要为他思考解决问题的办法。而他呢，则利用空闲的时间做自己的事情或是不断地充实自己。随着时间的流逝，你的工作越来越沉重，他的工作却越来越轻松。到最后，你因为他的拖累导致业绩下滑，领导对你十分不满，而他却受到了领导的青睐。此时，你一定十分懊悔，不该为了面子而陷自己于艰难的境地。如果从一开始就坚守自己的底线，不因为对方的问题而影响自己的工作，那么最后也不会落得如此下场。

无论什么情况下，都不要轻易接受别人的请求，尤其是在超出自己的能力范围或是自己不愿接受的时候。在某些时候，坚决果断地拒绝反而对自己更好。这是因为，如果你把别人请求的事情做好了，对方会对你提出更高的要求；一旦你没有做好，那么对方会对你心生不满。于你而言，这两种结果都不是非常理想，倒不如在最初的时候就坦诚相见得好。

当然，登门槛效应也有其积极的一面。比如，你第一次参加一万米跑步比赛时，可以将这一万米分成十个部分，每个部分一千米，然后一个部分一个部分地去完成，这样你的压力会小很多，完成起来也会容易很多。再比如，你给自己制定人生目标，可以将目标设定为短期目标和长期目标，先逐步实现短期目标，长期目标自然而然地也就完成了。

总之，登门槛效应在生活的方方面面都能有所应用，要想成为生命的强者、人生的赢家，就要认清它的本质，让它更好地为我们服务。

华盛顿合作定律：只顾个人利益，注定两手空空

为自己追求最大的利益，这本无可厚非，但是只顾自己，不顾别人，贪得无厌地追求利益的人，不仅无法得到自己千方百计追求的利益，反而可能"赔了夫人又折兵"。

不知道你有没有注意过这样一种现象：如果你的竹篓里只有一两只螃蟹，那必须得盖上盖，不然螃蟹很快就会逃走；如果你竹篓里的螃蟹很多，反而不用担心它们逃走，因为每只螃蟹都想往外爬，互相拉扯之下，一只都爬不出去。

螃蟹的这种举动看起来非常愚蠢，但是这种现象在人类中间也时常出现。大家耳熟能详的"三个和尚没水喝"的故事就是典型事例。一个和尚能挑水喝，两个和尚可以抬水喝，照理说三个和尚更应该有水喝，可是结果却截然相反。这是为什么？原因其实很简单，那就是大家都希望别人去劳动，自己则坐享其成。

无论螃蟹还是和尚，其做法都很符合华盛顿合作定律：一个人做事的时候，即便拖拖拉拉，终究还是能做完；两个人做事的时候，虽然有时会互相扯皮，但是为了各自的利益，还是有合作的空间；三个人做事的时候，往往会为了各自的利益而互相推诿，使得事情难以完成。

人与人的合作并非力量的简单叠加那么简单，其中涉及很多复杂和微妙的因素。有些时候，难免出现1+1＜2的情况。因为人是有思想的，如果两个人的思想无法统一，甚至出现抵触的情况，那么两个人的力量必然会抵消一部分，从而削弱整体的力量。

即便是与人合作，每个人首先想到的也是为自己争取最大的利益，所以彼此之间出现互相推诿的情况十分正常。因此，与人合作时，首先要确保的就是双方有共同的追求，有共同的利益基础。

与人合作是一个问题，以何种方式进行合作是另外一个问题。有些人表面上同意合作，可是真到合作时却会想出各种方法为自己谋求利益。遇到这样的人，最好的方法就是敬而远之，虽然利益或许会受到影响，但从长期来看仍是一个非常好的选择。

亨利和皮特是一对合作伙伴，为了扩大经营规模，获得更大的利润，两个人决定投资开一家超市。

在前期规划中，两个人已经商量好各自的投资份额。其中，皮特将自己的一处商业用房以实物资产的方式进行投资。前期的准备工作基本完成，各种手续也陆续办理完毕。正当亨利准备大干一番的时候，皮特突然提出要求，他认为自己的房子是开办超市的先决条件，所以要求增加自己的分红配比。为了双方的共同利益，亨利做出了一些让步。没想到皮特得寸进尺，又提出了更过分的要求。这一次，亨利看透了皮特的本性——为了利益而不守信用，虽然亨利不甘于前期投入的费用白白打了水漂，可是继续合作下去可能会遭受更大的损失，权衡之下，他果断地决定停止合作。

皮特本想获得更大的利益，但是他的贪婪令他最终落得两手空空的局面，不仅超市没开起来，连之前与亨利建立起的合作关系也土崩瓦解。

无论在什么情况下，利益都是一个绕不开的话题。在合作的过程中，这一点表现得更加突出。为自己谋求更多的利益，这本无可厚非，可是一旦到了贪得无厌的程度，那么双方最终只能不欢而散，连一丝一毫的利益都得不到。

权威效应：盲目相信权威，就是自寻死路

古语有云："尽信书不如无书。"权威固然值得信赖，但是绝对不能盲从。至于那些通过权威效应为自己谋求利益的人，看透了他们的本来面目，他们也就掀不起什么大的风浪了。

所谓权威效应，指的是假如一个人地位很高，威信十足，受人尊重，那么他说的话就容易受到重视，人们也更愿意相信他。权威效应具有十分广泛的应用基础，其原因在于：人们往往愿意服从权威、相信权威，认为权威人士的准确性更高，减少了出错的机会，这样让人比较有安全感。即便出现了错误，也有权威人士在前掩护，无形中减少了自己承受的压力。

在我们的身边，利用权威效应的例子不胜枚举：每天看电视的时候，广告中总是出现一些知名人士，他们的出现能够增加人们对广告的认可度和信任度；在辩论赛上，辩手们总是习惯于引用权威人士的话语，这样的论据具有更强的说服力；等等。

美国的一位心理学家做过这样一个实验：

有一次，这位心理学家在某所大学给学生们授课的时候，将一位普通人当作德国来的著名化学家介绍给同学们。

授课开始后,"化学家"严肃认真地从保温箱中拿出一个装有蒸馏水的试管,并对同学们说:"这是我新发现的一种化学物质,具有某种气味,请同学们闻一闻,如果闻到了请举手示意一下。"

"化学家"说完之后不久,有一部分同学先后举起手来,到最后,大多数同学都举起手来。

很多人或许会觉得不可思议,明明是没有气味的蒸馏水,怎么可能闻出气味来?这就是权威效应在发挥作用,同学们对"化学家"的话产生了信任感,因此自以为闻到了气味。

在人际交往中,权威效应的作用同样不可低估。真正聪明的人,不仅了解权威效应,更能随机应变地运用这种效应。

面对可能不利于自己的局面,有些人会以权威人士为导向,时刻跟着权威人士的脚步,拿权威人士的言论、行为当自己的标杆;面对自己能够掌控的局面,他们又会拿权威人士去说服别人,以求别人按照自己的观点和思路去做事情。无论是哪种情况,其出发点只有一个,那就是为自己争取更大的利益,通过权威效应来谋求更广阔的人脉关系、发展空间等对自己有利的条件。

面对权威效应,只要认清"权威人士也会出错"这样一个基本的事实,那就不会轻易被别人影响和利用。无论权威人士说什么、做什么,都不能盲从,而要有自己的判断。于自己有利的就去跟从,于自己不利的就要坚决反对,这样才能更好地维护自己的利益。

拆屋效应：退而求其次的欲望表达

> 一个人提出一个荒谬的要求，你可能不愿意接受；这个人又提出一个不那么荒谬的要求，你就会容易接受一些。如果你觉得是你的拒绝使他选择了退让，那你就大错特错了。

鲁迅先生在1927年写过《无声的中国》一文，其中有这样一段文字："中国人的性情总是喜欢调和、折中的。譬如你说，这屋子太暗，须在这里开一个窗，大家一定不允许的，但如果你主张拆掉屋顶，他们就会来调和，愿意开窗了。"心理学家们通过这段话总结出一种十分常见的心理现象，并给它起了一个十分形象的名字——拆屋效应。

简单说来，拆屋效应就是指想要达到某个目标，不妨先提出一个更大的目标，经过博弈之后，往往能够实现自己最初设想的目标。这种情况在生活中十分常见，买东西时讨价还价就是一个十分具有代表性的事例。商家给商品的定价往往比商品实际价格高很多，你觉得太贵，自然想要讨价，以求达到自己的心理预期。比如，商家给一件衣服定价一百五十元，你讨价到五十元，商家还价到一百三十元，你又讨价到七十元，几番讨价还价之后，双方约定九十元成交。你的心理预期本来是一百元，没想到竟然九十元就买到了，心里自然很高兴。而商家呢，他的心理预期也许只是八十元，能以九十元成交当然是喜出望外。在这场博弈中,笑到最后的还是商家,他用拆屋效应达到了自己的目的,得到了比预期中更多的利益。

对于商家,我们大可不必将"奸商""黑心商人"之类的帽子扣在他们的头上,做生意的人,本身就是为了盈利,你让他们挣了更多的钱,那是因为你对商品本身的价值缺乏足够的认识,这怨不得别人。

在与人谈判的过程中,拆屋效应也是一种十分实用的技巧。在刚刚开始谈判时,我们可以试着抛出一个对方难以接受的条件,从心理上震慑住对方,占据谈判的主动地位。当对方试探着讨价还价时,再抛出自己真正想要的条件。两个条件比较起来,对方自然更愿意接受后一个条件,这样就能更轻松地达成一致,获得自己预想中的利益。

与人交往的过程中,如果你想让对方答应你的某个要求,那么可以试着先提出一个对方难以接受甚至有些荒谬的要求,令对方觉得你对他的期待很高,如果无法答应你的要求就会让你十分失望。这时,对方的心里已经倾向于答应你的下一个要求,无论你提出什么要求,都会得到积极的回应,你也能更加顺利地达成自己的目标。

达维多定律：无法创造价值，那就注定被淘汰

"为什么被淘汰的总是我？"当你产生这样的困惑时，最好认真审视一下自己，看看你是不是那个能为别人创造价值的人。如果答案是否定的，那么你被淘汰就是理所应当的事情。

达维多定律源自于英特尔公司前副总裁达维多的理论：如果一家公司想在市场中始终占据领导地位，那么它必须永远做那个首先开发出新产品的公司，而且要勇于第一个淘汰自己的产品。

在市场竞争中，人们时时刻刻都想着如何抢占先机，因为只有率先进入市场，才有机会成为市场的领导者，从而更容易获得比较大的市场份额和经济利益。在产品开发和推广方面，英特尔公司便遵照达维多定律办事，始终做微处理器的开发者和倡导者。也许他们的产品性能不是最好的，运行速度不是最快的，但是他们的产品一定是最新的。为此，他们甚至不惜将那些颇受市场欢迎的产品淘汰掉。只有不断地创造新产品，淘汰老产品，才能更快地将新产品推入并占据市场，以此创造出新的产品标准和新的市场，始终处于市场领导者的地位。这样，才能实现大规模生产，进而获得更多的利益。

对产品的要求如此，对员工的要求也是一样。在一个公司中，老板总是喜欢那些能为公司创造价值，能为公司的发展献计献策的员工。如果你不属于其

中的一员，那就只能面临被淘汰的命运。

赵刚在公司辛辛苦苦工作了二十多年，一直本本分分、任劳任怨。二十多年来，赵刚经历了公司从小到大的全部过程，随着公司的不断壮大，赵刚也一步步成长起来。他本想着能在公司一直干到退休，没想到最终得到的却是一纸解聘通知书。

赵刚感觉难以接受，心里充满了委屈。但是和经理谈话之后，赵刚的心里释然了。对于自己的工作，赵刚绝对能够胜任，在工作岗位上，他也能做到一丝不苟、严于律己。可是，随着科学技术的迅猛发展，赵刚对新技术确实有些力不从心。其他同事只要三天就能掌握的技术，他有的时候需要两个星期才能掌握，这无形之中极大地影响了工作进度和效率。对于公司来说，赵刚是一名好员工，却不是一名能够创造更多价值的员工，为了公司的整体发展，公司高层只能艰难地做出解聘的决定。

在外人看来，这样的决定对赵刚太残酷，甚至有些不近人情，可是对于赵刚这个在公司工作了二十多年，看惯了人来人去的老员工来说，这种事情他能够理解。赵刚深深明白，要想获得更多的利益，首先要对公司做出足够的贡献；一旦成为公司发展的绊脚石，那就只能面对被淘汰的命运。

公司和员工之间，是一种雇佣关系，也是一种合作关系，更是一种互相利用的关系。员工为公司创造利益，公司给予员工相应的薪酬和奖励，而且员工创造的利益和自己的所得往往成正比关系：员工为公司创造的利益越多，便能从公司得到越多的薪酬和奖励。在这个过程中，员工和公司之间需要不断地进行博弈，员工要用自己的表现证明自己配得上公司支付的薪酬，公司则会根据员工的表现进行评判，以决定是否继续用该员工。在不断的博弈之中，双方都能够得到自己想要的利益，并在某个点上达到平衡。

在人际交往中，要想始终做那个最受欢迎的人，就要不断地展现自己的新价值，通过自己的努力为对方创造更多的利益，以此增加自己在对方心目中的分量，成为对方交往的首选，从而为自己赢得更大的利益。

心理测试

随着年龄的不断增长，人们说话的时候已经不像小时候那么单纯。尤其是在公共场合中，讲话更需要注意方式和技巧。但是有些人说话的方式依然非常直接，殊不知这样很容易给别人造成伤害。做一下下面这个测试，看看你说话是不是得体吧！

假如你的老朋友最近有事要找你，你感觉他要说什么事？

A. 某件事情陷入困局，需要你帮忙解开
B. 有件事情搞砸了，需要你帮忙善后
C. 有很重要的事情，需要你帮忙出主意
D. 做事情人手不够，需要你帮点小忙

结果分析

选择A：你是一个很懂事的人，做事情非常周密，总是为人着想，十分懂得隐忍，说话比较得体，因此人缘很好，完全不用担心因为语言和别人发生冲突。

选择B：你的性格非常直率，说起话来十分耿直，如果让你为了假装得体而说些假话，反倒会让你觉得浑身不舒服。虽然你已经尽力掩饰自己的难处，可还是会被别人发现。因此，为了让交谈继续下去，你说话之前应该三思，最好把不得体的话咽回去。

选择C：只要你说话时的表现不过于夸张，就会给人十分得体的感觉。需要注意的是，有时候你太想表现自己，所以很容易越说越过头，反而大大降低了你语言的可信度。

选择D：大多数时候，你说话的方式都很得体，只有在遇到非常在意的事情时，你才会口无遮拦。处于情绪低潮期时，你往往会毫无顾忌地说出心里话。

第六章

交友见欲望

朋友能为你两肋插刀，也可能背后插你两刀

人生在世，
朋友是不可或缺的。
当你有困难的时候，
真正的朋友会义无反顾地为你
倾尽全力、两肋插刀，
但是，
虚假的朋友却可能插你两刀。

效用心理：想交朋友，先得对人有用才行

朋友之间的友谊，仅靠感情维系是不牢靠的，还需要展现出你能为朋友带来什么。或许你觉得这样太势利，但是这就是社会现实，无论你愿不愿意面对，事实始终摆在那里。

美国心理学家霍曼斯说过："人和人之间的交往，其本质是一种社会交换，它和市场上的商品交换具有相同的原则，即人们都渴望在交往中得到比自己所付出的更多的东西。"这种观点很多人并不愿意接受，可是认真思考一下，从内心深处对它做出评价的话，相信很多人会认可这一点。

社会上的人，做任何事情都有其目的。做生意是为了赚钱，做慈善是为了帮助别人……无论目的是善意还是恶意，总归会有一个目的。没有人会无缘无故地去做一件事情，想和对自己有用的人做朋友，这是一种自然的表现，是人性的正常反应。

或许有人会说"这样的人太势利，不交也罢"之类的话，但是当你在社会上生活了足够长的时间，经历了足够多的事，认识了足够多的人之后，你就会发现，势利是人们本性中就有的东西，它与我们形影相随，想要改变并非易事。

势利的人比比皆是，每个人都会在生活中遇到几个。相传清代大书法家郑板桥也有这样的经历。

有一次，郑板桥到一个寺院游览，兴奋之余便去拜访寺院的住持。

住持见郑板桥衣着朴素，将他看作普通的游客，便一脸淡漠地在外室接待了他，对他说了个"坐"，并对身边的小和尚说道："茶。"

一番交谈之后，住持发现郑板桥颇有文采，便对他刮目相看，邀请他到内室交谈，客气地对他说"请坐"，然后对身边的小和尚说道："上茶。"

细细攀谈之下，住持才知道眼前这个看似普通的游客正是赫赫有名的郑板桥，于是急忙起身，将郑板桥请到自己的禅房，恭恭敬敬地说了句"请上坐"，并吩咐身边的小和尚："上好茶！"

畅谈一段时间之后，郑板桥起身告辞。住持恳请郑板桥留下墨宝，郑板桥也不推辞，拿起书案上的毛笔，挥笔写就了这样一副对联：坐，请坐，请上坐；茶，上茶，上好茶。

住持看到这副对联之后，脸上一阵红一阵白，只得不停地向郑板桥表达歉意。

住持的做法确实不妥，因此让他成为后人嘲讽的对象。但是其中反映出的道理更应该引起我们的注意：每个人的潜意识中都希望结交一些对自己有用的人，那些对自己无用的人，人们通常会冷漠待之。

很多人对霍曼斯的说法嗤之以鼻，认为那是对人际关系的亵渎，人与人之间的感情才是交往的本质。事实却是，无论人们愿不愿意承认，人们在交往的过程中总是在交换一些东西，无论这种东西是物质的还是精神的，或者是两者兼而有之，交换一定是存在的。举个简单的例子，与人交往时，每个人都想给对方留下良好的印象，以便为之后的交往打下基础，有利于增进双方的感情。这种交换是最常见的精神方面的交换，虽然很多人没有留意，但是它是实实在在存在的。

另外，在交换的过程中，每个人都希望所得大于所失，至少也要得失相当。没有人愿意得不偿失，这是人的天性决定的。这就像我们买东西一样，如果一样东西的价格超出了它实际的价值，我们通常不会花钱购买；如果这样东西的价格远远低于它实际的价值，我们一般会毫不犹豫地将它买下来。交换的东西虽然千差万别，但是交换的本质是相同的。

在生活中，我们常常会听到一些朋友抱怨自己的老板过于苛刻，对自己缺乏关心。但是换个角度想一下，老板雇用员工是为了公司的发展，是为了获取更大的利益，如果你不能为他创造利益，那么老板雇用你又有什么用呢？在这里，老板和员工之间其实也是交换的关系，老板给你开工资，你为老板创造利益。从老板的角度来说，你创造的价值当然越大越好。

交朋友也是一样，即便在最初交往的时候没有任何利益关系，并不涉及效用心理，但是随着时间的推移，随着和社会接触的深入，人们也会因为受到环境的影响而变得势利起来。了解了效用心理之后，即便你遇到这样的朋友，心里也能明白对方所作所为的深层因素，而不会苦苦思考对方变得冷淡的原因，这样就不会产生太大的困扰，对自己来说是一种极大的放松甚至是解脱。

自己人效应："自己人"可以迅速拉近彼此的心理距离

> 很多人都愿意相信自己人，总觉得自己人比较可靠，值得托付。所以在交际场合中，人们总是自觉或不自觉地努力寻找自己人。

一百多年前，林肯说过："一滴蜂蜜比一加仑胆汁更容易捕捉到苍蝇。人心也是这样。如果你想让别人同意你的意见，那就要先让他相信，你是他最忠实的朋友，也就是所谓的自己人。用一滴蜂蜜去俘获他的心，他就会走在理智的道路上。"

在人际交往中，相互之间都会受到对方的影响。有些影响是在无意间形成的，有些影响则是有意为之。一些人有意为之，就是为了给对方施加影响，以便使对方发生某些改变。在诸多故意施加的影响中，自己人效应是比较常用的一种方式。

所谓自己人效应，指的是想让对方接受你，那就要首先和对方保持一致的观点，将对方和自己看作一个整体。因为人们总是对自己人说的话更加信任，也更加乐于接受。

很明显，如果想和一个人建立起"自己人"的关系，那么首先你和他要在社会地位、政治观点、做人原则等基础问题上具有相似性。要想说服对方按照你的意见去做，仅仅提出好的意见是根本不够的，而要努力强化自己人效应，让对方对你产生好感，这样能够尽量避免好的建议被人拒绝。要做自己人，以下几个方面应该引起你的注意。

（1）应该强调双方的相似性，让对方将你看成自己人。

（2）如果想取得对方的信任，就要努力缩短双方的心理距离，当双方的地位处于平等状态时，你的影响力相对更大一些。

（3）良好的人格是增加个人魅力、提升个人影响力的重要因素之一，平时需要在这个方面加强历练。

与人交往的过程中，常常会遇到一些人以家乡、喜好之类的话题展开谈话，这也是为了拉近彼此的关系，强化自己人效应，这样一来，他们再提及一些意见或是话题，你就比较容易接受了。

面对中学生存在的早恋现象，一位班主任以这样的开场白开始自己的班会："我像你们这么大的时候，班里有一位非常漂亮的女生，不知道为什么，我脑子里总会想着她，在上课的时候总是情不自禁地往她那个方向看去。"

然后，班主任开始解释出现这种情况是非常正常的，这是青春期萌动的一种反应，并不是同学们认为的所谓的"爱情"或"喜欢"。接着，班主任谈起了自己对早恋的看法，对某些想要尝试恋爱或是已经恋爱的同学进行开导和劝解。最终他完美地结束了班会，达到了自己召开班会的目的。

班主任以自己上学时的经历开始班会，会让同学们觉得十分亲切，从而对班主任产生了自己人的感觉，于是对班主任所说的话更愿意接受和采纳。班主任利用并强化了自己人效应，从而很好地拉近了与同学们的距离，这要比直接训斥或批评的效果好很多。

面对那些想要和你成为自己人的人，一定要多加注意，努力看清他们是不是值得交往，是否能够成为朋友。只有透过现象看透其本性，交到的才是真正的、能在关键时刻帮助你的朋友。

改宗效应：朋友有错，必须旗帜鲜明地表示反对

这个世界上，有很多老好人。他们从不表达反对意见，总是一副与世无争的姿态。很多人觉得在他们身边很安全，所以十分乐意和他们做朋友。然而，事实真的如此吗？

美国社会心理学家哈罗德·西格尔做过一个十分著名的实验——改宗的心理学效应。实验结果表明：实验对象面对一个对自己来说十分重要的问题时，假如他能通过自己的努力使得一个原本反对他的人改变自己的观点，那么他宁可选择那个曾经的反对者，也不会选择从一开始就同意他的观点的支持者。这是因为，如果实验对象能够通过辩论、说服或是其他手段使一个人改变自己的观点，那么他就会对自己的能力充满自信，因为这让他得到了足够的成就感。

在现实生活中，有很多不懂得反对或是说"不"的人。即便面对自己不赞同的意见，他们也会随声附和，不会表达反对的意见；面对别人无理的要求，他们也很少说"不"，更愿意默默承受。对于这样的人，很多人会怒其不争，甚至会鄙视他们。因为他们不会表达自己的观点，只会做好好先生，任何事情都以和稀泥的姿态出现。

和朋友交往时，你或许也有过这样的经历：为了照顾朋友的心情，或是为了避免得罪朋友，你会选择说一些言不由衷的话。你觉得这是为朋友考虑，但

是事后朋友知道你的真实想法之后，对你反而会变得冷淡起来。

这时的你会困惑吗？明明是为了朋友好，他怎么还这样对你呢？原因很简单，你的言不由衷伤害了朋友。作为朋友，当对方遇到难题的时候，你应该主动帮他分析、解决困难，而不是随着对方的心意，他想听什么你就说什么。这样的话，朋友得不到任何的帮助，自然对你没有任何的感激之情。

为朋友多考虑是好的，但是要分析当时的具体情况，一味地赞同朋友，其实是不负责任的表现。说得极端一点，如果朋友要去抢银行或是进行其他的犯罪活动，你也要点头表示同意吗？有点思考能力的人都知道，这不是帮助朋友，而是将他往火坑里推。有你这样的朋友，反倒不如没有！从这个角度想一想，朋友对你态度冷淡还是有一定的道理的。

所谓朋友，要在关键时刻挺身而出，即便为其两肋插刀也毫不犹豫。假如你无法为朋友提供帮助，那么你就无法得到朋友的认可、关心和爱护。在朋友有错的时候，坚决地说出问题所在，当时也许会产生一些争论，但是事后，当对方冷静下来认真思考的时候，就会发现你的所作所为都是为了他好。那时，他就会对你心生感激，将你看作真正的朋友，你们之间的友谊也就得到了升华。

在朋友面前，一定不能做好好先生，那对双方的友谊毫无益处。朋友之间需要坦诚相待，你的真知灼见起的作用反而更大，能在对方心中引发更大的波澜。为了朋友，一定要勇敢说"不"！

面对那些经常说"不"的朋友，很多人会产生对方不支持自己的感觉，甚至觉得这种朋友不值得交。其实，这样的朋友才是真的对你好，才是真的关心你。所谓"忠言逆耳利于行"，那些不好听的话，往往能够促使你不断进步，逐渐变成一个更好的自己。

鲶鱼效应：有几个"捣蛋"的朋友，团体的活力更强

<u>在任何一个集体中，"捣蛋鬼"总是会让某些人头疼。可是，集体中却总是少不了"捣蛋鬼"的身影，这是因为，"捣蛋鬼"能为集体带来活力，活跃集体的气氛。</u>

沙丁鱼被捕捞出来之后，假如缺少刺激和活动，要不了多久就会死掉，于是，渔民们打鱼回来之后，就在鱼舱中放进几条鲶鱼，让它们和沙丁鱼发生摩擦和争斗，这样一来，沙丁鱼就会因紧张而不停地游动，这样就能有效降低沙丁鱼的死亡率。这种现象后来就被人们称为鲶鱼效应。

从沙丁鱼和鲶鱼之间的关系可以看出，鲶鱼的出现虽然对沙丁鱼产生了威胁，或者说鲶鱼并不属于沙丁鱼群体，与沙丁鱼相处得并不融洽，但是它们从某种意义上对沙丁鱼的成活起到了积极的作用。所以，在一个群体之中，如果缺乏刺激源，那么整个群体就会没有活力，显得死气沉沉。

在一个公司中，总会有几个思维活跃的人，他们的想法往往与众不同，甚至出人意料。他们就像混进沙丁鱼中的鲶鱼一样，令原本思维僵化、按部就班的同事们感觉很不舒服。他们的出现，对公司的整体氛围产生了极大的影响，尽管有时会影响公司业已形成的氛围，可是从长远来看，他们存在的积极意义远大于消极影响。

毕竟，有了他们的"搅局"，其他的员工即便是出于被动的原因，也必须要积极地行动起来。这样一来，公司的"静水"就会流动起来。在这种情况下，公司的运转才会更加流畅，所有的人都会慢慢地主动起来，从而形成更好的公司文化，有利于公司的进一步发展。

结交朋友的时候，也应该交往一些"调皮捣蛋"的人。尽管他们有时并不会受其他朋友的欢迎，但是他们活跃的表现会影响其他人，从而使得所有人都神采飞扬、充满斗志。

有时，"捣蛋"的朋友确实会给你带来麻烦，因为他们放荡不羁，总是用自己的方式去思考和处理问题，结果很多事情非但没有获得理想的结果，反而"捅了马蜂窝"。如果就此认定这些朋友不会给自己带来任何帮助，那就有些一叶障目、以偏概全了。

当你遇到困难、陷入思维定式的时候，往往很难迅速从中抽身。倘若你身边的朋友都和你同属一种性格，那么你们的思维难免会有重叠的地方，想让这样的朋友帮助你，难免会有些强人所难。但是，如果你的身边有几个"捣蛋"的朋友，那么最终的结果就会大不一样。"捣蛋"的朋友通常能从不同的角度思考问题，为你在迷茫之中指出一条光明之路。即便他们的想法并不是非常成熟，计划也不一定非常完美，但是只要有了好的思路，和朋友们坐在一起，集思广益，试着沿着这个思路一点点摸索下去，那终究比陷入绝境强得多。

"捣蛋"的朋友不是只会"捣蛋"，他们能帮你拓展思路，发现更好的机会，从某种意义上说，他们是你朋友团队的助燃剂，能帮助每个人变成更好的自己。

过度理由效应：不要把所有的事情都视作理所应当

家长就应该为孩子洗衣服、做饭！男人就应该为女人遮风挡雨！应该，应该，应该，如果你把所有的事情都视作理所应当，那么你身边的朋友将会一个个离你而去。

在日常生活中，我们经常会有这种经历：亲朋好友给予我们帮助，我们会觉得理所应当，因为他们是我们最亲近的人；假如是一个陌生人给予我们帮助，我们反而会认为他们是乐于助人的人。同样的道理，在家庭生活中，夫妻双方经常无视对方为自己做的那些事情，因为无论对方做什么事情，都是出于责任和义务，而与爱护或关心没有任何关系；如果是外人做出了类似的行为，则会被看作一种关心或爱护的表现。

之所以产生如此大的区别，是因为社会心理学上的一个概念——过度理由效应。每一个人都尝试让自己和别人的行为看起来符合常理，所以会为每一个行为寻找合理的理由，一旦为行为找到足够的理由，人们通常就不会再继续寻找下去，而且，人们在寻找原因的时候，总是习惯于先去找那些显而易见的外部原因，一旦外部原因能够对行为做出合理的解释，人们通常就不会花费时间和精力去寻找内部的深层原因了。

这种效应在情侣之间表现得最为明显，刚开始的时候，男方会表现得比较殷勤，愿意为女方做所有的事情，而女方则是习惯于被照顾，尽全力表现出"小鸟依人"的一面。在这种长期形成的局面中，过度理由效应便随之产生了。从这之后，女方会将男方所做的一切看作是理所当然的事情，男人就应该担负起这样的责任；而男方则会慢慢觉得女方只知道索取，却不知道付出。最后，两个人往往以分手告终。

一旦出现这种情况，就说明情侣双方都将他们的关系定位于表面的"付出和接受"关系，而忽视了深层次的精神交流、互相忍让和性格融合等方面的问题。结果导致索取一方的欲望越来越强烈，而付出一方则变得越来越精疲力竭。

在交朋友的时候，过度理由效应也有很多的体现。交朋友之初，如果你对朋友十分热情，想尽一切办法去讨好自己的朋友，那么朋友就会慢慢习惯于你的付出。随着时间的推移，当你感觉付出过多却没有回报时，就会自然而然地减少自己的付出，此时，朋友就会觉得你变得不如以前那么好了，难免对你产生意见。由此可以看出，尽管单纯的付出能够暂时保持亲密的朋友关系，但是一旦你的付出无法满足朋友的欲望，那么悲剧就将上演，朋友的良好关系随时都有土崩瓦解的可能。

遇到这种情况的时候，先不要责怪朋友只知索取、人品太差，而要从自己身上找找原因，检查一下双方是不是受到了过度理由效应的影响。一旦发现事实如此，那么就不要过于苛责对方，因为这是双方共同造成的，需要双方同时改变自己。

瀑布心理效应：说者无心，听者有意

很多时候，你表达的意思和别人听到的意思差别很大。这并非因为对方故意曲解，而是你没有注意说话的方式和分寸，常常在无意之中戳到对方的痛处。

一个人随便说了一句话，本身并没有什么深刻的含义，但是在某些人听来，却极度的刺耳，让人十分不舒服，颇有些"一石激起千层浪"的味道。这种现象就像大自然中壮丽的瀑布一样，上游的流水平静流淌，水从悬崖坠落之后，到了下面却水花四溅、雾气腾腾。在心理学上，这种现象有一个专属名词，叫作"瀑布心理效应"。它指的是虽然发出信息的人心态比较平和，但接收信息的人可能思潮澎湃，心里难以平静，进而在态度和行为方面出现变化等。

在与陌生人交往的时候，一定要注意自己的言行，一旦把握不好其中的分寸，就可能会刺激对方的某根敏感神经，对你产生不好的印象。中国有句话叫作"说者无心，听者有意"，很多时候，你并没觉得自己说的话有什么不妥，但是已经在无形之中伤害了别人，而你还不自知，甚至反而抱怨对方小题大做、心胸狭窄。遇到类似的情况，你要先平心静气地想一想，是不是自己的哪句话无意之中伤害到了对方，才令对方大发雷霆。毕竟，每个人都有过被别人无意伤害的经历，如果是你，你会怎样对待一个无意间伤害了你的人？倘若你胸怀宽广，或许会原谅对方，但是再也无法做最好的朋友；倘若你耿耿于怀，或许你一辈子都不会原谅对方。这样想一想，就能理解对方的心态了。不是对方的品性不好，而是你确确实实伤害了对方，即便只是无心之失，也有你的责任，至少说明，你考虑问题不是很全面，以后应该为朋友多考虑一些。

想要成为朋友圈中的红人，就必须避免无心之失，避免无意中说出的话引起对方的"瀑布心理效应"。要做到这一点，应该注意以下讲话的禁忌和分寸。

1. 个人隐私不能涉及

无论是自己的隐私还是对方的隐私，都不应该公开谈论，因为这是对自己和对方的不尊重，往往容易伤害对方。

2. 不能提及对方的伤心事

即便知道对方受到了伤害，也不要轻易张嘴询问。如果对方主动提及，可以适当表达同情的意思，但是绝对不能因为好奇而打破砂锅问到底。

3. 不要盯着对方的残疾或疾病不放

每个人都希望以健康的姿态出现在他人面前，所以对自己的残疾和疾病往往讳莫如深。如果你公开地宣扬这方面的问题，那么对方必然对你心生不满甚至产生敌意。

4. 避免具有争议的话题

在不了解对方立场的情况下，最好不要谈论争议性的话题，否则一旦你的立场和对方不同，那么想做朋友就是一种奢望了。

5. 不要随便评价别人

即便在朋友面前，也不要随意评价别人，这会让你的朋友胡思乱想："他是不是在别人面前也这样评价我？"

6. 要找准自己的定位

在不同的环境，面对不同的人，每个人的角色都会发生改变，只有及时找准定位，才能将话说得契合环境和身份。

7. 给予对方足够的尊重

无论对方站在什么立场、处于什么地位，都应当给予他足够的尊重。如果你不尊重朋友，朋友当然也不会尊重你。

8. 剔除主观思想

面对朋友和事情，一定要保持客观，从事实出发，才能赢得人心。仅仅凭借自己的主观臆断，事情通常会被搞砸。

9. 注意文化方面的差异

不同的地区之间，存在着生活习惯、文化氛围方面的差异，在交往的时候，一定要注意这一点，不能触碰对方文化中的"禁区"。

10. 带着足够的善意进行交流

有这样一句俗话："良言一句三冬暖，恶语伤人六月寒。"以善意赢得人心，友谊往往能够延续得更长久。

总之，说话是一门艺术，要时时刻刻注意自己的言辞，避免给对方带来心理上的不适和反感，只有在愉悦而和谐的氛围中，才能让双方的感情进一步升温。

社交恐惧心理：想和陌生人交朋友，必须克服恐惧心理

社交恐惧心理就像人们心里的魔鬼一样，它会在我们与陌生人交往的时候设置巨大的障碍，对我们的人际交往产生极大的影响。想和陌生人成为朋友，必须跨过社交恐惧心理这道坎才行。

在现实生活中，常常会见到这样一类人，只要他们遇到陌生人，就会产生极大的心理负担，更有甚者，这种负担还会演变成严重的心理恐惧。有这种心理的人，一旦进入陌生的环境或是遇到陌生人，轻则惊慌失措，语无伦次；重则浑身哆嗦，膝软无力。毫无疑问，这种心理使人们无法在陌生人面前表现真实的自己，已经严重影响正常的社交活动。

孔杰毕业于一所名牌大学，学的是计算机专业。上学的时候，孔杰的学习成绩就非常出色，每年都能拿到奖学金，而且人长得也非常英俊，颇受大家欢迎。以他的这种条件，找工作应该是非常容易的事情，可是毕业都两年了，孔杰依然没有找到合适的工作。这是怎么回事呢？

原来孔杰是一个十分腼腆的人，即便在学校的时候，孔杰也极少与人交往，十几年的学校生活中，他从来没有单独参加过任何大型活动，因为面对众人的时候他根本就说不出话来。于是，在校期间，孔杰干脆将所有的时间都用

于学习之中。

毕业之后，孔杰的这种性格使他遇到了大麻烦。在面试的时候，其他同学都能口若悬河地介绍自己的特长，给面试官留下了深刻的印象；而孔杰则不行，看到面试官就觉得异常紧张，双腿也不听自己的使唤，每次都只能草草地结束面试。由于孔杰无法准确表达自己的想法，所以失去了很多工作机会。

在一次次的打击之下，孔杰对自己失去了信心，甚至连投简历的勇气都没有了，一拖再拖，导致他一直没有工作。

实际上，孔杰的这种表现正是社交恐惧心理在作怪。由于他从小就很少与人交流，所以没有学会交流的方法和技巧，面对一个未知的社交世界，他的心里充满了恐惧，这让他无法在陌生人面前表现自己，也就没有办法和陌生人变成朋友了。

在我们的身边，有很多像孔杰这样的人。他们不是害怕陌生人，而是害怕和陌生人交往。如果你让他静静地坐在角落，享受一个人的世界，他并不会表现得过于惊慌；可是只要涉及交往，他们就会变得手足无措。面对这样的人，很多人会觉得他们上不了台面，或是觉得他们惺惺作态，于是便将他们拒之门外，彻底关闭交往的大门。殊不知，这样的做法对他们是十分严重的伤害，因为这会让他们觉得自己是不受欢迎的人，由此变得更加不敢与陌生人交往。

对于有社交恐惧心理的人，我们应该试着去理解他们。在他们语无伦次、惊慌失措的时候，给予他们一个微笑或是一句鼓励的话语，对他们来说都是莫大的奖赏。当他们能够试着从一两个字到说成一个句子，从一个句子到完成一段对话，从一段对话到完成一篇演讲时，他们最为感谢的肯定是给予他们鼓励的那个人。一步步走来，你们之间的感情会逐步升温，最终变成最好的朋友。

交朋友，看的是人品。之所以产生恐惧，并非因为心灵脆弱，而是因为一直没有合适的机会和场合，也一直没人对他们表示赞同和激励。了解他们恐惧的根源之后，谁能帮助他们解决心理的障碍，谁就能收获一个一生一世的朋友。

热炉效应：触碰底线的朋友，不交也罢

<u>每个人都有自己的心理底线，这是一条不能轻易触碰的高压线。无论有心还是无意，一旦触碰，就会激起对方心中的怒火，令双方的关系变得水火不容，朋友之情也将随之消失殆尽。</u>

烧得火红的炉子，即便不用手去试，也知道它是热的，很容易烫伤人，一旦不小心碰到了炉子，就会被烫伤。从这种现象中，人们总结出一个理论——热炉效应。

热炉不能触碰，否则会被烫伤；人的心理底线更不能触碰，否则就会激起对方心中的怒火。每个人都知道，所有的人都有自己的世界观、人生观和价值观，也有极强的保护隐私的欲望，这些东西与自己的尊严和自身利益密切相关，可称得上人的心理底线。一般来说，不会有人愿意在这些方面遭受威胁和损失。一旦自己的心理底线被人触及，无论这个人是陌生人还是朋友，人们都会想方设法地予以还击。特别是对于朋友来说，更应该尊重对方的底线，因为朋友触碰了心理底线，其后果一定比陌生人触碰底线的后果更加严重一些。

在与人交往的过程中，我们一定要谨记一条准则：绝对不要触碰对方的心理底线。否则，遭到对方的咒骂事小，如果对方产生了报复心理，那就太可怕了。

小张和小王在同一家公司上班，两个人的工作都是广告策划，因此常常有业务上的沟通和往来。他们两个的业务能力都非常出众，而且个性十足，所以彼此看不上眼。

所谓"一山不容二虎"，两个人在业务上总是发生冲突，一旦思路不合，就会发生激烈的争吵。

一天，他们两个又在会议室商讨策划案。没过多久，两个人又像之前那样争吵了起来。

"我的思路没有问题，"小张说，"各个方面综合考虑一下，我的方案是比较好的。"

"你的方案好，那我的呢？"小王反驳道，"你的那个方案已经过时了，之前已经有很多类似的策划出现了。"

"你这话什么意思？你是说我抄袭别人的创意？"小张有些恼火，"你凭什么这么说我？长得跟土行孙似的，你以为你是谁啊？"

听到"土行孙"这三个字，小王一下就扑到了小张身上，两个人立刻扭打在一起。

小王为什么会这么生气？原来他的身材矮小，在身高方面一直比较自卑。听到小张这样侮辱自己，他的自尊心受到了极大的侮辱，所以做出如此冲动的举动也就不足为奇了。

小张和小王之间的争斗，可谓两败俱伤。小张逞一时口舌之快，揭开了小王的伤疤；小王感觉受到了侮辱，于是不顾面子地和同事扭打在一起。两个人不仅丢了面子、失了风度，也给公司领导留下了不好的印象。

通过这件事我们可以看出，每个人心里都有一条底线，这条底线是人们最后一道心理防线，如果有人胆敢触碰，必然会为自己招来极大的麻烦。

中国自古就有"打人不打脸，骂人不揭短"的说法，无论做什么事情，一定要留有回旋的余地，尽量维护别人的尊严。即便两个人有难以化解的矛盾，也要努力保持一定的距离，尽量不触及他人的心理底线。

朋友之间，开开玩笑、捉弄捉弄都没有什么关系，这也是增进友情的一种方式。但是,玩笑的限度一定要把握好,无论是你开别人的玩笑,还是别人开你的玩笑,绝对不能跨过心理底线,否则,再好的朋友都有分道扬镳的可能。对于那些总是触碰底线的朋友,劝说几次没有效果之后,和他们绝交也是一个不错的选择。

英雄崇拜：人们都喜欢与比自己优秀的人做朋友

古语有云："物以类聚，人以群分。"要想获得成功，不仅得广交朋友，更要与那些比自己优秀的人做朋友。如果你的身边没有朋友，那么请你审视一下自己，多半是因为你还不够优秀。

西方流传着这样一句话："与狼生活在一起，你能学会的不过是嚎叫而已；与优秀的人交往，你就会受到良好的影响，长期的耳濡目染，会使你变成一个优秀的人。"

人们在社会上生活，都想让自己变得更加优秀、更加成功，在选择朋友的时候，自然而然会选择那些能够指引自己、提携自己、帮助自己的人。关于这一点，比尔·盖茨有过这样的论述："有时候，你结交了什么样的朋友，往往能够决定你一生的命运。"

在美国，有一个十分普通的农家孩子，他在报纸上读到了很多企业家的故事，于是很想知道故事的细节，并且想让企业家对读者们讲一讲自己的人生感悟。

这种想法一直萦绕在他的脑海中，于是他独自来到了纽约。一天早上七点刚过，他就出现在了亚斯达事务所，尽管这时还没到上班时间。

在其中的一间办公室里，这个孩子一眼就认出了亚斯达。对于这位不速之客，亚斯达充满了反感。可是当孩子向他提出"我很想知道，怎样才能赚到一百万美元"这个问题之后，亚斯达的态度发生了转变。两个人的谈话持续了一个多小时，亚斯达告诉孩子应该去拜访一下著名的企业家。

孩子按照亚斯达的指点，分别去拜访了企业家、银行家等著名人物。虽然他并不理解那些著名人物的某些观点，可是能够得到成功人士的指点，这让他产生了极大的信心，于是，他回到家里，开始像那些成功人士一样奋斗起来。

几年之后，这个孩子成了当地鼎鼎有名的企业家，他不断努力，在二十五岁的时候就赚到了一百万美元。后来，这个来自农村的孩子，一步步地实现了自己的梦想。

对于孩子来说，成功人士就是他们心目中的英雄，对于英雄的崇拜，使得他们愿意追随英雄的脚步，在人生的道路上不断向前飞奔。

随着年龄的增长，当孩子逐渐长大，开始懂得含蓄之后，反而不会轻易表露自己的崇拜之情。这种含蓄其实是不正确的，无论多大年龄，无论什么时候，对于那些比自己优秀的人，我们都应该保持崇拜，敢于表露崇拜。只有接近他们，我们才能从优秀的人身上学到经验，得到帮助，这一切，对于我们的成长和发展都是十分有益的。

渴望与比自己优秀的人做朋友并非功利心在作祟，而是渴望变得优秀、希望获得成功的美好愿望在驱动我们这样去做。

社会在不断发展，每个阶段都会有不同的朋友出现。假如你能一直保持优秀，始终是朋友心中的"英雄"，那么你的朋友就会越来越多；如果你停滞不前，甚至出现退步现象，那么你的朋友注定会越来越少，直至一个都没有。

交友见欲望：朋友能为你两肋插刀，也可能背后插你两刀　第六章

心理测试

这个时代是绚丽多彩的，每个年轻人都想拥有与众不同的生活，无论是生活方式、穿衣风格还是言谈举止，都希望展现自己的风格。那么，你是哪种风格的人呢？下面这个测试，将为你做出解答。

找到自己喜欢的人是一件令人高兴的事情，可是每个人对此的表达方式不尽相同。如果是你，你会做出怎样的举动？

A. 主动表白，坦露心声
B. 忍住不说，等待对方主动表白
C. 默默关注，暗示对方
D. 由自己的心情决定，想怎么做就怎么做

结果分析

选择A：你是一个十分向往自由的人，想要表现自己与众不同的一面，但是又很在意别人的看法，不想变成全民公敌。你骨子里就有耍酷的基因和狂放不羁的特性，同时也坚守自己的原则和观念。

选择B：你是一个十分独立同时气场十足的人，你那强大的气场令人想要顶礼膜拜。随着年龄的增长，你的气质越发独特和迷人。你时时刻刻都展现着自信，以"一览众山小"的姿态展现着与众不同的人格魅力。

选择C：你是一个十分注重浪漫和情趣的人，分分秒秒都想和自己喜欢的人在一起。你的内心世界绚丽多彩，喜欢美丽的事物，又害怕出丑丢人。虽然有时会迷迷糊糊，但是大多数时间还是很可爱的。

选择D：你是一个外表冷静、内心狂放，不安于现状的人，你有丰富的精神世界，喜欢具有创造性的生活。你随时都可能变换自己的风格，因为你非常迷恋自我蜕变的过程。你喜欢丰富多彩的色彩搭配，内心世界充满了变化的元素。

第七章

钱能鉴人

帮你看清金钱背后那赤裸裸的欲望

有句展现金钱力量的俗语叫作
"有钱能使鬼推磨",
为了金钱,有些人宁愿出卖自己的灵魂,
变成令人唾弃的人。
每个人都想拥有更多的金钱,
但是你一定要把控住对金钱的欲望,
否则,
金钱会将你推进黑暗的深渊。

凡勃伦效应：价格越高，越受人欢迎

俗话说"一分价钱一分货"，虽然价高不一定就能买到好货，可是高价给人带来的心理满足并不是金钱能够衡量的。"不求最好，但求最贵"并非病态心理，而是某些人切实的心理需要。

在电影《大腕》中，有这样一段十分经典的台词："什么叫成功人士你知道吗？成功人士就是，买什么东西都买最贵的，不买最好的。所以，我们做房地产的口号就是'不求最好，但求最贵'。"

对于台词中的这种现象，很多人或许会觉得难以理解。但是现实生活中，确实存在这样的情况，美国经济学家凡勃伦最早注意到了这种现象，所以它被称为"凡勃伦效应"。解析消费者的心理，就不难发现其中的奥秘：消费者之所以购买这类商品，主要目的并不是为了享受商品带来的满足感，而是为了满足心理上的某种需求。所以，出现"价格越高，越容易受到消费者青睐"的现象也就不足为奇了。

在一位禅师和他的门徒之间发生的故事，便很好地表现出这种心理作用。

一天，禅师拿出一块很大、很美丽的石头给他的门徒，并对门徒说："你把这块石头拿到市场上，试一试能不能卖掉它。但是并不是真的让你卖掉，而是让你多询问一些人，观察一下众人的反应，看看这块石头究竟能卖多少钱。"

于是，门徒拿着石头来到了市场上。看到这块美丽的石头，很多人都想把它买回去当作摆件，或者是留给孩子当玩具。于是，有人向门徒出价，但是出价最高的也就几个硬币。

门徒悻悻地回去，对禅师说："这块石头只值几个硬币而已。"

禅师没有任何失望的表情，又对门徒说："现在你拿着石头到黄金市场去问问，看看能值多少钱。记住，只是让你问价，不是真的卖掉。"

在黄金市场问过价之后，门徒十分开心地回来了，对禅师说："那里的人真是太好了！有人竟然愿意出价一千块钱。"

禅师说："好吧，现在你到珠宝市场去，低于五十万的话，绝对不要卖掉。"

门徒又去了珠宝市场。令人不可思议的是，珠宝商中竟然有人愿意出五万块钱买下这块石头。门徒谨遵禅师的命令，对珠宝商说："这个价格太低了，我不能卖。"

于是，珠宝商们不断加价，希望买到门徒手中的石头。八万、十万、十五万、二十万……价格不断上涨，尽管门徒心中非常希望将石头卖掉，而且认为那些珠宝商已经疯掉了，可是他没有忘记禅师的话，在价格达到五十万之前，他绝对不能卖掉石头。于是他说："很抱歉，这样的价格，我还是不能接受。"

珠宝商们更疯狂了，展开了新一轮的竞价，直到有珠宝商出价五十万，门徒才将石头卖给了他。

门徒拿着钱回去面见禅师，禅师说："现在你应该明白了，石头的价值因不同的场合而有所不同，在不同的环境中，要给石头制定不同的价格。在适当的环境和条件下，你要价再高，也会有人主动要求购买。在高端的场合，珠宝商们买石头并不是为了拿它做摆件或是玩具，而是为了满足自己有能力购买的表现欲望。"

在实际生活中，也会经常见到这种场景：质量、款式相差无几的两双皮鞋，一双在路边卖六十元，却无人问津；另一双在大商场里卖三百元，要买的人却为数众多。另外，一些天价的香水、皮鞋、手包同样大受欢迎，成为人们争相追捧的"宠儿"。

随着社会的进步，人们的生活水平逐渐提高，钱包鼓起来之后，人们追求的就不只是商品的基础功能了，而是商品给自己带来的更深层次的体验和享受。只有那些标新立异的商品，才能让持有它的人产生"鹤立鸡群"之感，从而充分享受商品带来的优越感。

"越贵越买"并不是一种心理问题，也不是为了炫耀财富，这只是一个人的生活方式，一个人为了满足自己的某种欲望而采取的行动，其本质依然是心理需求，是一个人内心深处的深深渴望。

当然，不能否认的是，我们的身边也不乏借钱购买奢侈品的人，这样做的人，往往具有极强的虚荣心，一旦认清其本质，就要及早地远离他们。

财务分清：亲兄弟，明算账，"斤斤计较"不伤感情

涉及钱财的时候，最好事先划分清楚，因为无论关系多么密切，最后都可能因为钱而变成路人。为了今后能够更好地相处，先"斤斤计较"一下没什么不好。

在中国，朋友互相请客吃饭、赠送礼物等，都是再平常不过的交际方式，也是情理之中的事情。有些关系比较好的朋友，甚至不分你我，有饭同吃，有酒同喝，有钱同花，以至于每个人花了多少钱都不知道。

在这一点上，外国人的处理方式就和中国人有很大的不同。在国外的很多国家，即便是情侣约会吃饭，也有很多人选择"AA制"；而中国的习惯是，通常由男士付钱。在中国的传统观念里，男人付钱能够显出男人的大方及男子气概，所以很多人鄙视"AA制"。

在生活中，遇到那些吃个夜宵都要斤斤计较的人，很多人通常不愿意和他们继续交往下去，因为他们太过小气，总是斤斤计较，不知道什么时候就会拿出计算器算上一算，到底每个人该出多少钱。在公共场合，这样的行为难免让人难堪，很多人宁可不交朋友，也要避免发生这种丢脸的事情。

殊不知，这样"斤斤计较"的朋友才是真正值得交往的人，因为他比你想得更长远，比你更珍视彼此之间的感情。试想一下，如果你们两个以后有了

各自的家庭，他还要拿你的钱花，你会乐意吗？到时会怎么看他？眼下将财务分清，就能避免以后出现扯皮的现象。有一句俗话叫作"人要长交，账要短算"，为了彼此的友谊和感情，经常算一算账其实是件好事。

从小学到大学，李海和周刚一直在同一个学校读书，因此两个人的关系十分密切、融洽。他们可谓不分彼此，是人人羡慕的铁哥们。

他们每天一起吃饭、休闲，还一起做了些小生意。挣到的钱也不分谁多谁少，都放在一起，要花的时候一起花。他们对彼此都非常满意，于是毕业之后合租一套房子。刚刚参加工作的时候，李海的工资比周刚高出很多，周刚手头周转不开的时候，李海就慷慨解囊，连欠条都不打一个。后来，由于工作地点发生了变化，两个人便各自租房，但是彼此的关系依然很铁，周刚仍然时不时地到李海那里拿钱花。

随着时间的推移，李海和周刚都找到了女朋友，各自的开销变得比之前大了很多。可周刚还像以前一样，没钱了就去找李海拿，而且从来不打欠条。李海的手头本来就有些紧，但是又不好意思明说，因此心中很是苦闷。遇到熟识的朋友，李海便抱怨周刚总是花自己的钱，从来都不知道还。

没想到，这些话竟然传到了周刚的耳朵里，于是两个人产生了激烈的矛盾。周刚认为李海两面三刀，在背后说自己坏话；李海则认为周刚以怨报德，花自己的钱还要倒打一耙。两个人激烈地争吵了一番，然后便分道扬镳。

从这个事例可以看出，朋友之间的关系再好，也要将经济问题一一捋清。如果在经济方面长期不分彼此，那纯洁的友情就会受到金钱的污染，一旦朋友关系变成了赤裸裸的金钱交换关系，那么对双方来说都是得不偿失的。

中国有句古话，叫作"亲兄弟，明算账"，从中可以看出，在中国古代就已经发现了金钱对亲情的巨大影响。血脉之情都难以抵挡金钱的侵蚀，更何况社交场合中的友情呢？所以说，"斤斤计较"地分清财务关系，并没有什么难以启齿之处，算账的目的不仅仅是保护各自的经济利益，更是为了长久地维持彼此之间的深厚友谊。

棘轮效应：过度放纵的消费习惯，必然导致坐吃山空

> 我们总会见到一些奢靡成性的人，而且会对他们奢侈的生活方式心生反感，实际上，他们是受了消费习惯的影响，即便想改变也并非易事。

棘轮效应又被称作制轮作用，最早是由经济学家杜森贝提出的。它指的是，人的消费习惯一旦形成，往往具有不可逆性，也就是说，消费水平向上调整很容易，向下调整却很难。受棘轮效应的影响，人们短期的消费习惯并不会受到实际收入水平的影响，而是受制于自己收入最高期的收入水平。

古典经济学家凯恩斯则认为，消费习惯具有可逆性，也就是说绝对收入水平的变动势必会使消费水平产生立竿见影的变化。针对这一观点，杜森贝进行了反驳，认为消费决策并不是一种简单的理想化的计划，它还与个人的消费习惯有很大的关系。一个人的消费习惯受到很多因素的影响，如生理需求、社会需求、生活经历等，尤其是个人在收入最高期所达到的消费标准，产生的影响会最大。

商朝纣王刚刚登基的时候，黎民百姓都认为这样一位圣明的君王治理天下，商朝一定能长治久安。

有一天，纣王命人做了一副象牙筷，并十分开心地用它就餐。纣王的叔父

箕子看到之后，便劝纣王将象牙筷收起来，但是纣王不以为然，满朝文武也觉得箕子有些大惊小怪、小题大做了。

因为这件事，箕子每天都愁眉不展，有些大臣感到莫名其妙，便问他为何如此忧愁，箕子答道："纣王用一副象牙筷吃饭，肯定要用与之相配的犀角杯和美玉餐具；用了象牙筷、犀角杯和美玉餐具，大王一定要每顿都饮美酒、吃佳肴；饮美酒、吃佳肴，肯定要身穿绫罗绸缎，住在富丽堂皇的宫殿里。一想到这种场景，我就感觉不寒而栗。"

仅仅五年之后，箕子的担忧便变成了现实。纣王恣意妄为，骄奢淫逸，最终断送了商朝延续了五百多年的统治。

通过纣王使用象牙筷这件事情，箕子就预见到了商朝的最终命运，虽然在当时并没有棘轮效应这种说法，但是其原理和棘轮效应是相同的。

实际上，宋代政治家和文学家司马光也曾说过一句反映棘轮效应的名言："由俭入奢易，由奢入俭难。"这句话出自《训俭示康》，其中还有"俭，德之共也；侈，恶之大也"的言论。司马光始终倡导艰苦朴素，并一直秉承这种家风。

从本质上说，棘轮效应其实是人本性的一种外在表现，因为每个人天生就有欲望，为了满足自己的欲望，人们会做出各种努力，让自己享受所有能够享受的东西。就个人角度而言，人们既无法禁止它，又不能过度放纵它。假如人们丝毫不去约束自己的欲望，过度地放纵和享受，那么就只能接受逐渐变得贫穷的现实。

在西方社会中，一些成功的企业家虽然腰缠万贯，但是他们总是让自己的孩子从小学会打工挣钱，即便在弥留之际，也很少将自己的财产留给自己的孩子。因为他们知道，一旦孩子习惯了大手大脚花钱，那么整个人就会变得毫无目标，在将家产败光之后，就连生活都会成为极大的问题。比尔·盖茨身为世界首富，却将自己的大部分财产都捐给了慈善事业，而给子女留下的仅有几百万美元。在比尔·盖茨看来，子女们拥有太多不劳而获的财富并非好事，这会让他们失去奋斗的动力，埋没自己的才能，最终极有可能变成一无是处的人。

  盖茨的做法是对的,他从源头上避免了自己的子女受到棘轮效应的影响,让自己的子女在一个更加广阔的空间发展,为他们创造了生命的无限可能。

  棘轮效应的影响可谓无处不在,我们随时可能遇到受其影响的人,面对这种人,我们只需以客观的态度去应对,只要了解了他们的行为和表现的原因所在,就能完全理解他们了。

"剁手党"的困惑：购物成瘾，见到东西就想"买买买"

随着网络和快递行业的快速发展，网络购物已经成为现代生活中不可或缺的重要组成部分。然而，很多"剁手党"买的东西并非必需品，买来之后经常将其束之高阁，白白占去很多有用的空间。

"剁手党"是那些沉迷于网络购物的人群的专门称谓，随着社会的发展，整个群体大有不断扩大之势。

"剁手党"们每天都在各大购物网站上流连忘返，兴致勃勃地浏览商品、比较价格、下单购物。对于网络购物，他们乐此不疲，习惯货比三家，看似捡到了便宜，实际上买回来的东西大多没有实用价值，而且浪费了自己的宝贵时间，无谓地花费了金钱。购物之后，冷静下来的他们也会认识到自己存在的问题，甚至喊出了"剁手以明志"的口号，可是购物瘾一旦上来，又将自己的承诺抛诸脑后，继续疯狂购物。

在心理学上，"剁手党"的这种表现可以归为强迫性购物一类。在实际表现中，强迫性购物者一方面对于购物有强烈的渴望，另一方面又会对自己冲动的购物行为极其失望。通常情况下，他们在购物之前会有极大的压力，通过购物这种方式，他们的压力瞬间得到了释放，这让他们在当时变得畅快和愉悦，可是后来想一下又会觉得懊恼不已。这种购物方式通常会令他们的支出超过自己的经济能力，由此给自己及家庭带来很大的负担。

根据以往的经验，人们对"上瘾"有两种基本的认识：一是能够让人上瘾的东西本身就是不好的，它们会让人丧失理性；二是那些会上瘾的人意志不够坚定，抵挡不住诱惑。

为了验证上瘾的原因，科学家们曾经用老鼠做过实验。实验时，科学家把一只老鼠关在笼子里，并在笼子里放了两瓶水，其中一瓶盛着含有可卡因的水，另一瓶则是普通的清水。老鼠在尝过两个瓶子中的水之后，对含有可卡因的水产生了浓厚的兴趣，它不断地喝，以至于不久后就因为中毒而死亡。

这个实验和人们以往的经验和认知相符，老鼠是因为对可卡因的贪婪而死。

可是，在几十年之后，加拿大的科学家进行了另外一个实验，这个实验颠覆了人们以往对"上瘾"的认识。

在这个实验中，使用的老鼠与第一个实验的老鼠是同一个品种，只是这次放在笼中的并非一只老鼠，而是一群老鼠，实验员还在笼子里设计了一个游乐园，老鼠可以在这里尽情玩耍。实验结果表明，大多数的老鼠都在里面快乐地玩耍，很少有老鼠去喝含有可卡因的水。

这个结果不得不令人深思，人究竟为什么会"上瘾"？

从这个实验引申到人类社会，当人们拥有极好的社交关系，并且有各种各样的娱乐手段供我们选择时，那些能够让我们上瘾的东西好像就失去了魔力。

就这个实验结果而言，让人上瘾的并不是那些不好的东西本身，而是其所处的环境。当人们被孤独、无助、颓丧、消沉的情绪包围时，往往会借助某些令人上瘾的物质或行为来安慰自己。

"剁手党"之所以"买买买"，是因为他们需要释放压力；"烟民"之所以买烟抽，是为了排解寂寞；"酒鬼"之所以买酒喝，是为了舒缓心情……无论是上瘾的消费行为，还是为了缓解上瘾所带来的痛苦，其根源都在于自己的心理状态。试着找到一种更好的排解方式，那么所谓的"上瘾"就会随风而去，对人再也不会产生影响。

享乐跑步机现象：金钱是个"两面派"，想看哪面自己选

每个人都想拥有大把的金钱，因为有钱就意味着即便没有别人的帮助，同样能够过上自己想要的生活。一旦有了这种思想，人就会变得性情冷漠、自以为是。

关于金钱是否能够给人带来幸福这个问题，人们一直存在着激烈的争论。有些人认为有钱就能消费，购买自己想买的东西，使自己的欲望得到满足，自然就能增加幸福感；有的人则认为，人的幸福感取决于多种因素，金钱只是其中之一，徒有金钱对幸福没有任何意义，最有力的证明是"最富有的国家中的国民并不是最幸福的人"。

这种争论曾经让人们陷入两难的境地，如果金钱对幸福没有意义，那么辛辛苦苦地挣钱干什么？如果金钱能让人更幸福，为什么又有那么多的富人感觉不快乐？没人能给出准确的答案，因为金钱对每个人的意义不尽相同，所以对它的感受自然也会有所不同。

令人欣慰的是，随着时间的推移，关于这个难题的争论正变得越来越少。人们逐渐意识到，金钱能够产生很多作用，如给人激励、让人变得更加坚忍等。无论如何，金钱对人来说确实具有积极的意义。人们对金钱的渴望源于一个十分正当的理由：金钱能让人感觉更好。中国和美国学者联合组成

的一个研究小组曾经做过一系列实验，来研究金钱对人的影响。他们选择了一批自愿参加实验的人，让他们体验逐渐被人排斥的感受。在这种情况下，这些人都表现出十分痛苦和无助的样子。这时，学者们开始下一阶段的实验。他们将实验对象分为两组，一组实验对象被要求数钱，另一组实验对象则按照要求去数纸片。结果显现，数钱的实验对象情绪变得好了起来，而数纸片的实验对象情绪几乎没有变化。由此可以看出，金钱确实能够改变人的心境，让人的感觉变得好起来。

就金钱本身来说，或许它无法让我们变得绝对幸福，可是，就像人们都知道吸烟有害健康却仍然有人要吸烟一样，人们追求的东西并非都是对身体有益的。金钱能够带来的快乐通常十分短暂，因为更先进、更新奇的商品总会不断出现，人们总要用更多的金钱去满足自己不断增加的欲望。这种心理叫作"享乐跑步机现象"：我们消费得越多，想要得到的就越多。当需要更多金钱的时候，人们自然会做出更多的努力。从这个方面说，金钱能够对人起到极大的激励作用，但是也会给社会带来很多的负面效应。因为在自身利益和关注别人之间，金钱会刺激人们更加关注自己的利益，这会使人们变得更加自私和以自己为中心。

在日常生活中，只要关系到金钱，人们自然而然地就会和别人拉大距离。一份工作，如果两个人合作，那么一人只能拿到一半的报酬；如果独自完成，则能得到全部的报酬。面对这种情况，如果可能，大多数人都会选择自己独立完成。为了金钱，人们宁愿远离同伴，以免报酬被人分享。一旦这种感受逐渐扩大化，那么人们就会慢慢远离社交活动，开始变得独来独往，到最后，人们会变得只关心自己的利益，而对其他事情毫不上心。假如一个人一年能够赚一亿元，那么他对社区的保险制度、医疗条件、学校教育等方面的关注度自然有所降低，因为他拥有足够的金钱去摆脱种种困境。如果可以的话，他甚至能买下一座岛屿，独自在岛屿上生活，与社会保持极少的联系即可。情况更加严重一些的话，他甚至会完全不相信社会的存在，因为他不需要社会为他提供任何东西，一样可以生活得很好。

从这一点上来说，过多的金钱会让人降低对社会生活的参与度，使人变得自私自利和高傲自大，这是一种极其糟糕的倾向。

中国古代就有"为富不仁"的说法，这从一个侧面反映出这种现象自古有之。如果凭此就认定富人都不仁慈，难免有些偏颇。人的大脑容量毕竟有限，关注能力也会受到一定的限制，当我们将注意力关注于金钱的时候，对人的关注度自然就会有所减少；对人的关注多一些，对金钱的关注相应就会减少一些。由此可以看出，只是因为关注角度的不同，才会使一个人展现出完全不同的两种人性。

为了满足自己的欲望，得到更好的生活，每个人都会深深地渴望金钱。适度的渴望能给人前进的动力，过度的渴望则会让人走向另一个极端。和金钱保持合适的紧密度，是一个不断调整才能达到平衡的过程，只有找到一个完美的平衡点，才能极好地控制金钱对自己产生的影响。

做个"铁公鸡":守财奴都爱一毛不拔的生活方式

社会上,总有许多吝啬的"铁公鸡",他们视财如命,整天只想着如何守住自己的财富。他们提心吊胆地生活着,为财富损耗无数的精力和青春,很多人觉得他们活得太累,而他们却有自己的生活主张。

在中外的文学作品中,有很多描写"铁公鸡"的作品。西方文学中有《威尼斯商人》中的夏洛克、《吝啬鬼》中的阿巴贡、《欧也妮·葛朗台》中的葛朗台及《死魂灵》中的泼留希金;中国文学中有《围城》中的李梅亭、《一文钱》中的卢至、庄子寓言故事《外物》中的监河侯及《儒林外史》中的严监生。

这八个"铁公鸡"堪称吝啬鬼的典型代表,给人们留下了十分深刻的印象。只要说到吝啬的话题,很多人脑海中都会闪现出这几个人物的形象。对于吝啬鬼来说,钱就是生命,即便是自己非常喜欢的东西,他们也不愿花钱去买。心理学家经过研究发现,吝啬鬼(或者叫守财奴)这种一毛不拔的行为源自他们对未来生活的焦虑及对未来充满不安的心理。那些长期不得温饱或是因为钱财而丢掉尊严的人,更容易陷入痴迷于金钱的迷雾之中。

尽管守财奴已经有了一部分财富,也有了一些安全感,可是过往的经历使他们习惯于坚守财富。在一般人看来,守财奴的钱已经足够开销,有钱守着却不花，那和没钱没有什么差别。可是对于守财奴来说，他们需要担心的事情还有很多，因此无法大手大脚花钱。

（1）守财奴总觉得自己的钱不够花。这是因为守财奴对钱的占有欲望比一般人大得多。对于他们来说，金钱不仅能够满足物质的需要，更能让他们的心灵得到安宁。尽管他们已经拥有很多金钱，却仍然难以填平他们那欲望的深沟。

（2）守财奴基本没有朋友。由于守财奴的思维方式和做事风格都与一般人差异极大，所以他们很少能够交到朋友。这让他们深感苦恼，自信心因此受到影响。

（3）守财奴受困于攀比。守财奴往往喜欢和那些比他们更有钱的人攀比，这让他们觉得自己是个没钱人，越是攀比，越是让他们觉得自己"穷"，因此更不敢随意花钱。

（4）守财奴总是希望自己的财富能够一直传递下去。守财奴知道财富来之不易，所以很希望自己的家族能够一直富足下去，但是他们的后代往往"不争气"，这就让守财奴有了更多的压力。

各种因素综合在一起，使得守财奴成为自己财富的奴隶。于是就出现了守财奴坐拥财富，却过着清贫生活的戏剧性的一幕。

在实际生活中，我们时常会在小区中见到一些捡废品的大爷、大妈。他们家里并不缺钱，况且捡废品也卖不了几个钱，所以许多人难以理解他们的行为。实际上，他们不过是节俭惯了而已，小时候生活清苦，日子过得十分仔细，如今虽然吃穿不愁，可是长期以来的节俭习惯还是让他们见到废品就不由自主地伸手去捡。这只是习惯的力量，并不意味着他们都是守财奴，面对捡废品的人，我们不应该戴着有色眼镜，而要透过行为，看到他们节俭的本性。

在人际交往中，我们难免也会遇到一些出手"吝啬"的人，如果因此便轻视他们，你就犯了以貌取人的错误。站在对方的角度想一想，找到他们"吝啬"的原因，才能真正了解他们，看清他们的心理。

仇富心理：人人都有金钱欲，仇富并不是穷人的专利

<u>每个人都爱财，都想变成富人，但同时又对富人带有仇视心理。在这看似矛盾的心理背后，其实是人们占有财富的欲望在作怪，由于自己占有财富的欲望难以满足，便对拥有大量财富的人产生了仇视情绪。</u>

所谓仇富心理，指的是人们对于有钱人，尤其是那些暴发户或是通过某些不正当的手段攫取别人财富的有钱人，所产生的质疑、妒忌、轻蔑、愤慨、仇恨等情绪融合在一起的复杂心理状态。从这里可以看出，仇富心理并不是仇视所有的有钱人，而是仇视那些为富不仁的人。从这个意义上说，仇富心理应该是正当的。

无论在什么时代，在哪个民族，都有对财富眼红的人，只不过人们通常会自己找到一些理由去平衡这种心理，比如，富人之所以拥有巨额财富是因为他们付出了辛勤的劳动，或是继承了祖上传下来的家产，等等。可是，一旦自己都无法相信自己找到的那些理由，或是感觉对方付出极少却得到极多，特别是巨额财富和腐败扯上关系时，人们心中不公平的感觉就会演变成仇视，于是仇富心理就这样产生了。另外，社会的贫富差距过大，也会导致仇富心理的出现。

在现实生活中，确实也已经在某些人身上出现了仇富心理的广泛化和偏激化现象。仇富心理的广泛化指的是对所有的富人都抱着仇恨的态度；仇富心理

的偏激化指的是用偏激的手段向富人表达愤怒，更加严重的情况是毫无顾忌地向整个社会发泄自己的仇视情绪。

从人性的一般特点来看，出现仇富心理的内在原因是人们对财富具有极为强烈的占有欲。仇富并非仇视财富，而是仇视富人；爱富则是爱财富，而非爱富人。从这个角度来说，仇富的本质其实就是爱富，仇富只是手段，爱富才是目的。所以，财富就像一枚硬币，恨和爱只是这枚硬币的两面而已。对自己来说，体现出的是爱的一面；对别人来说，体现出的则是恨的一面。

从理论角度来说，仇富心理实际是爱富心理的延伸。这是因为，人们对财富的欲望是无穷的，而财富资源却是有限的。想用有限的资源去满足无限的欲望，这基本是一个无法解决的难题。

正因如此，每个人都想尽可能多地占有一部分资源，当别人占有了比较多的资源时，自己想要占有更多资源的愿望就会变得难以实现，这就意味着自己的欲望更加难以满足，因此人们会产生痛苦的感觉。在这种情况下，占有较少资源的人难免会对占有较多资源的人产生仇视的情绪。

相关的调查结果表明，尽管很大一部分人对富人的印象是奢侈、贪得无厌和腐败，可是更多的人希望自己能变成富人。即便是已经很富足的人，由于永不满足的欲望存在，也会希望自己拥有更多的财富。从这一点上说，富人也会对那些比自己更富有的人产生仇视心理。所以说，仇富心理并非穷人才会有，只要彼此之间的财富差距超过了心理预期，财富相对较少的人就会对财富较多的人产生仇视。

尽管仇富心理不算少见，但是并不意味着每个人都会产生这样的心理状态。假如一个人对财富的欲望并不强烈，他对财富的差距也就没有强烈的感受，那么他就不会产生仇富心理。

拜金主义：渴望更好的生活，合理追求金钱不可耻

现代社会，人们的生活成本越来越高，有些人辛辛苦苦打拼一辈子，却连一套房子都买不起，有些人对金钱的崇拜已经出现了畸形的倾向。

简单来说，拜金主义就是对金钱过于痴迷，为了金钱可以不顾一切。奉行拜金主义的人，做任何一件事情都是为了钱，头脑中分分秒秒想的都是如何得到更多的钱。在他们看来，金钱是万能的，有了钱就能拥有一切。这种价值观的源头，被认为是资本主义鼓励人们追求自我利益最大化的思想主张。

在现实生活中，拜金主义经常遭到严厉的批评，很多保守派人士对其进行猛烈的抨击。在批评者的眼中，拜金主义者太过重视金钱，所以才会变得唯利是图，以金钱作为衡量世间一切事物的标准，对于那些美好的事物，他们也只看表面，而不注重其深刻的内涵，所以他们的精神世界极度空虚。

但是也有人认为，人的本性中就有追求更好、更富足生活的趋向，拜金主义的出现，只是受到了某些风气的影响，它只是人类本性的一种外在反映罢了。

在市场经济条件下，由于物质利益和物质财富在社会发展中的地位日益突出，有些人难免产生趋利性，这就促使有些人对金钱和物质产生了更多的欲望，进而产生了对金钱过于崇拜的心理。由于对金钱过于崇拜，有些人对金钱

的追逐几乎达到了疯狂的地步，以至于无论做什么都要先讲钱。从根本上说，人们对金钱的崇拜只是因为想要为自己争取更多的利益，这本无可厚非，可是一旦跨越道德的边界，这种对金钱的追逐就会变了味道。从简单的利己主义变成损人利己，这是一种应该受到谴责的行为。

  从更深的层次来看，拜金主义实际是享乐主义和极端个人主义在作怪。为了享受奢靡的生活，拜金主义者必然要投入大量的金钱，当自己的金钱无法支撑生活所需时，拜金主义者只能想方设法获取更多的金钱。当这种欲望大到无法控制时，拜金主义者就会采取极端的手段为自己牟利，此时，犯罪行为就可能出现。由此可以看出，如果任由拜金主义发展，最终的结局是任何人都不想看到的。

  总之，拜金主义的出现有其复杂的原因，是各种因素综合而成的一种外在表现。就其追求金钱、改善生活的初衷而言，它对个人是一种激励，对社会是一种促进。对于社会中的那些拜金主义者，我们不应采取"一棍子打倒一大片"的态度，而要视人、视具体情况而定。只有这样，才能做到"不冤枉一个好人，也不放过一个坏人"。

心理测试

在生活中，我们难免会遇到各种各样的麻烦事。面对麻烦，你能保持足够的耐心吗？如果耐心足够，你就能认真分析，仔细研究，从而使麻烦迎刃而解；如果耐心有限，你就会被麻烦所扰，事情可能变得更糟。下面这个测试，能够测出你的耐心到底如何。

假如你的恋人说他（她）不爱吃西瓜，你觉得他（她）的理由是什么？

A. 西瓜含水量太大，一吃就感觉胀肚

B. 讨厌西瓜的味道

C. 吐西瓜籽是件麻烦事

D. 切西瓜很麻烦

结果分析

选择A：你的耐心来自于你内心深处的愧疚感，因为只要在别人面前表现出暴躁的情绪，你就会忍不住自责起来，因此你会告诉自己保持耐心。实际上，某些时候你完全可以放松心态，即便耐心不是很足，表现出的也是真实的自己啊！

选择B：你对待别人的方式是先隐忍，后爆发。刚开始的时候，你会很有耐心，但是用不了多久，假如对方超越了你所能忍耐的底线，你就会爆发了。

你不喜欢别人非常急迫地和你说话，也不喜欢在别人的逼迫下做事，这是因为你的耐心是比较足的。

选择C：你对细节十分重视，对别人情绪的变化也十分敏感，因此你对别人是十分细心和有耐心的。只不过，你对自己倒是没有什么耐心，有点逼迫自己达成目标的意思。你得时刻告诫自己，对自己好一点。

选择D：可以这样说，你对别人、对自己都没有太多耐心，通常不喜欢等待，也不喜欢别人磨磨蹭蹭的。尽管有时候你的反应会比别人快一些，效率也比较高，可是这也会让你错失很多需要耐心才能等来的人和事。

第八章

剖析欲望

没必要大惊小怪,每个人心里都有欲望的"黑点"

"金无足赤,人无完人",
每个人都有人格的缺陷,
也都有黑暗的欲望。
人类天生就有劣根性,
这是无法改变的现实。
当你认真剖析欲望时,
必然会为其中的黑暗而深深震惊。

禁果效应：越是被禁止，越会想方设法去探求

夏娃偷吃了禁果，结果被赶出伊甸园。她为自己的行为付出了沉痛的代价，也让人们知道了"禁果"的巨大诱惑力。对未知的事物，人们往往充满好奇，越是不让知道，就越想知道。

"禁果"一词来源于《圣经》中的故事，故事讲述的是夏娃受到智慧树上的禁果的诱惑，忍不住偷吃了禁果，结果被贬到凡间。这种由禁果引发的逆反心理现象，就被称为禁果效应。

禁果效应也被称作"罗密欧与朱丽叶效应"，它指的是越是被禁止的东西，人们越想得到；越想将某种信息隐藏起来，越会引起人们的猎奇心和求知欲，这反而会促使人们千方百计地去探听被隐藏起来的信息。

禁果效应之所以存在，是因为人们无法知晓的那些事情，往往具有更大的吸引力，也更能促使人们去接近和探求事实的真相。在生活中，我们常常会遇到一些说话只说一半的人，这让我们产生"吊胃口""卖关子"之感，他们这样做会让我们对完整的信息产生强烈的期待，一旦关键信息有所缺失，这种缺失感就会让我们对那些被隐藏的信息产生更加强烈的探知欲。尤其是在涉及个人自身利益的事情上，人们对已经确定的事实并不是那么担心，更加担心的是那些尚不确定、无法了解的事情。

第八章 剖析欲望：没必要大惊小怪，每个人心里都有欲望的"黑点"

在希腊神话中，有一位名叫潘多拉的姑娘，万神之神宙斯给了她一个神秘的盒子，并告诫她绝对不能打开。但是，这种禁止却引发了潘多拉更大的好奇心，她急于知道盒子里的秘密，于是将它打开了。结果，各种灾祸从盒子中飞了出来，令人们饱受磨难。

在信息传播的过程中，当人们受到外界的压力而无法自由地获取信息时，通常会迫切地想知道那些出于无奈而失去的信息，这会使得施压者和被压迫者之间的隔阂越来越大。在家长教育孩子的时候，家长越是以强硬的态度告诫孩子不许做什么，孩子往往偏要做什么；某些地方越是禁止人们进入，人们越是对"禁止入内"的地方产生浓厚的兴趣。凡此种种，都是禁果效应在人们身上的显著体现。

古往今来，中国历史上受禁果效应影响的事例可谓不胜枚举，而且表现形式五花八门。古代社会，很多朝代都有"禁书"，可是，被禁的书非但没有销声匿迹，反而直到今天仍在广泛传播。

马克思说过："所有的秘密都具有诱惑力。对社会舆论自身来说是一种秘密的地方，形式上冲破秘密境界而出现在报刊上的每一篇作品对于社会舆论的诱惑力就不言而喻了。"马克思和恩格斯的著作曾经在很多国家被禁止传播，可是最终的结果证明，禁令反而让他们的理论和著作得到了更加广泛的传播。

禁果效应一直颇受人们的欢迎，因为它在各个时代和场合都能得到应用。假如有人能够充分地利用这种效应，并且做到举一反三，那么它的作用和影响将会得到极大的延伸。如某些限量销售的商品，由于发售之前很少有人知道它的款式、数量等，反而会令消费者对它产生更多的期待，更愿意为它付出大量的金钱。

对于秘密的猎奇心理，会令人们对隐藏起来的东西产生更加浓厚的兴趣，这是人的本性，而逆反心理仅仅是这种兴趣和渴望的外在表现。当你不得不面对带有逆反心理的人时，不要轻易地将他们划归为自己的敌人，更不能随便认定他们是故意和你作对，对他们产生敌视的情绪。要知道，他们只是受到了禁果效应的影响。

旁观者效应：乐见别人帮助受困者，自己只做旁观者

处于困境之中的人，当然希望越多的人帮助自己越好，可是现实往往并不尽如人意，有时旁观者很多，真正伸出援手的却寥寥无几。并非因为人们冷血，而是都在等着别人出手相助。

在社会心理学中，有一种十分实用的现象，叫作旁观者效应。旁观者效应也被称作责任分散效应，它指的是，假如一个人单独去做一项工作，那么他的责任感会比较强，更容易采取一些积极的行动；一旦让一群人共同完成一项工作，那么每一个人的责任感都会比较弱，在遇到难题或是需要承担责任时，很多人都会选择观望或退缩。这是因为，一个人单独完成一项工作，他只能一个人承担所有的责任，必须尽全力去完成；一群人共同完成一项工作，每个人都觉得其他人会去做，心理上希望别人能够承担更多的责任，于是自己就没有那么尽心尽力了。

心理学家提出这一效应，最早是源于震惊整个美国的吉诺维斯案件。1964年的一天，凌晨三点多的时候，一个名叫吉诺维斯的姑娘在回家的路上被一个歹徒杀害。

这起凶杀案一共持续了三十多分钟，蹊跷的是，吉诺维斯的很多邻居都听到了她的求救声，甚至有些人还站在窗口看了一段时间，可是竟然没有一个人

第八章　剖析欲望：没必要大惊小怪，每个人心里都有欲望的"黑点"

赶去救她或是打电话报警。

案件发生之后，社会各界都产生了极大的反响，有些人认为，之所以发生这起惨剧，就是因为人与人之间的关系变得越来越冷漠了。但是心理学家并不这样认为，在他们看来，人们没有及时地施以援手，恰恰是因为旁观者效应在发挥作用。每个人都觉得别人会出手相助，根本轮不到自己，正是这种对别人的期待，使得人们将责任推到了其他人身上。彼此推卸责任的结果就是，谁都没有采取真正的行动，最终酿成了一出惨剧。

之所以出现这种情况，与责任的分散有着直接的关系。旁观的人越多，每个人能够感受到的责任就越少，所以为受害者提供帮助的可能性就越小；如果只有一个旁观者，他会觉得只有自己能够帮助受害者，从而为受害者提供帮助的可能性反而更大一些。人们做出如此举动，并非因为冷血，而是因为产生了"我不帮他，还有别人会帮他"的心理。

另一个十分典型的例子就是血库频频出现存血量不足的情况，大多数人并不是没有爱心，不愿意献血，而是觉得"中国有那么多人，其他人献的血应该足够用了"，这种心理的出现，恰恰说明了人们正受到旁观者效应的影响。如果人们真的缺乏爱心，在遇到地震、台风等重大灾害时，怎么会有那么多的人积极献血呢？

尽管我们从小就知道"人多力量大"这种说法，可是越来越多的事实却在向我们宣示，很多时候，这种说法并不准确。人多，力量并不一定就大，有些时候，恰恰因为人多导致责任分散，从而使整体的力量被削弱。

在工作中遇到困难时，如果你向一个同事求助，那个同事会倾尽全力帮你解决问题；如果你同时向几个同事求助，问题反倒不容易得到解决。如果你认为同事们对你只是敷衍了事，并不是真心想帮你，那就说明你对旁观者效应缺乏了解，并不知道这种效应对人的心理具有什么影响。

遇到困难时，或许可以采用集思广益的方法：单独向同事请求帮助，然后将所有的想法集中在一起进行研究。只要不给同事们分散责任的机会，那么旁观者效应就不会出现，更无法对你产生影响。

青蛙效应：过于享受安乐，终将死于安乐

<u>古人云："生于忧患，死于安乐。"在安乐的环境中待久了，就会忽视危险的存在，一旦危险突然降临，往往很难采取有效的应对措施，最终的结果，只能是死于安乐之手。</u>

19世纪末期，美国康乃尔大学里做过一次非常著名的青蛙实验。实验员烧了一大锅开水，然后将一只青蛙突然丢进锅里，只见青蛙猛地从开水锅里跳了出来，竟然安然无恙地活了下来。过了一段时间之后，实验员又在锅里放进了冷水，然后将那只死里逃生的青蛙放了进去。青蛙感觉非常舒畅，在水里自由自在地游来游去。这时，实验员在大锅下面点起了火，慢慢地升高水温，由于水温变化不大，青蛙并没有跳出大锅，而是继续在水中游弋。等到青蛙感觉到水温太高难以承受，再想跳出锅外时，它的意志和力气都已经消耗殆尽，只能呆呆地在水中等死了。

从这个实验中可以看出，青蛙在闲适的环境中待久了，于是产生了极强的惰性，即便它想要奋力一搏，也没有了那种能力，最终只能接受死亡的命运。这就是著名的青蛙效应。

青蛙知道享受，人又何尝不是如此呢？试想一下，当我们取得一些成就，

受到广泛的关注和赞扬的时候,是不是会对自己的处境产生满足感,以至于没有了前进的动力,最终停滞不前呢?取得一次成功之后,有很多人便躺在自己的成就簿上安于享乐,结果一生中再也无法取得更大的成功。而那些不满足于一时的成功,时刻告诫自己不要享受安逸生活的人,往往能够不断取得成功。

在日常生活中,像实验中的青蛙那样安于享乐的人数不胜数,而这些人最终的结局往往都不太理想。

在很多人的传统观念里,能在国企找到一份工作,便有了一个"铁饭碗",从此就不必为生计发愁,而且能够得到极好的福利待遇。国企里没有激烈的竞争,工作十分轻松,因此很多人都变得安逸起来,甚至有些人在一个工作岗位上一干就是几十年。

老韩就是一家国企的普通员工,他已经在技工的岗位上工作了二十多年。刚刚参加工作的时候,他也想要换个工作,多挣些钱,但是家人都不同意,都说国企稳定,退休之后也有保障,加上他当时刚刚结婚,于是就没有坚持自己的想法,而是继续从事自己的工作。在工作的二十多年中,老韩并不是没有机会跳槽,但是他贪图国企的安逸,因此一一错过了。

随着改革的深入,老韩所在的企业需要裁员。拥有一技之长的老韩虽然没在第一次裁员大潮中被刷下来,但是在更加汹涌的裁员浪潮中,老韩还是不幸成为下岗大军中的一员。下岗之后,老韩想到其他企业中谋得一席之地,可是在面试过程中他才发现,自己掌握的知识和接受新事物的能力远远跟不上时代的需求,想要找到一份合适的工作真是难于登天。在一次次的面试失败之后,老韩只能被迫在家"享受"退休生活。

其实,老韩并不想就这样退休,只是在国企中生活得过于安逸,使得他忽视了竞争的存在,当下岗的厄运降临时,他甚至都没有做好迎接的准备,即便想要重新找到工作,他的能力也已经无法满足其他企业的需要。

诚然,凶险多变的生存环境对人来说并非好事,但是过于享受的生活,何尝不是一种值得警惕的祸患呢?中国自古就有"生于忧患,死于安乐"的说法，这个道理与青蛙效应有异曲同工之妙。惰性是人的天性之一，自出生就与人形影相随。人们总是习惯于现状，不到万不得已的时候多半不想改变自己的生活。

如果一个人长久地在一种缺乏变化、安逸平和的环境中生活，那么他对周边的变化就会缺乏应变能力，当危机降临的时候，他只能像实验中的青蛙那样坐以待毙。

在生活的各个层面上，我们都应该做到未雨绸缪。"生于忧患"，反而不会真的产生忧患；安于享乐，最终必然"死于安乐"。细细回想一下就不难发现，当我们突然遇到挫折和磨难时，我们的潜能往往会被激发出来；如果我们生活得过于平淡，只顾享受安逸的生活，那么失败就会接踵而至，令人难以招架。

从众心理：随大流是种难以摆脱的潮流

> 从众心理是一种十分常见的心理现象，很多人会在不知不觉之间，不由自主地受到它的影响。当你一味地跟从大众，便会逐渐失去主见，迷失自我。

从众心理源自美国社会心理学家阿希的一个实验，在实验开始之前，他告诉自愿参加实验的大学生，做这个实验是为了研究人的视觉情况。而且，阿希请来了五个假被试，当真被试走进实验室时，他只能坐在之前空出来的那个位置上。

实验很简单，阿希拿出一张画着一条线段的纸和一张画着三条线段的纸，让被试比较一下单独的一条线段和另外三条线段中的哪一条长度一致。这些线段的长短差异很大，正常人其实很轻易就能做出正确的判断。

可是，在做出几次正常的判断之后，五个假被试故意同时给出一个错误的答案。这个时候，很多真被试会对自己的判断产生怀疑。随着五个假被试同时给出错误答案的次数增多，真被试会越来越迷惑，对自己也会越来越没有自信。慢慢地，真被试会有跟着假被试给出错误答案的倾向。尽管每个人受到的影响不尽相同，但是大多数真被试至少都做出了一次跟从假被试的判断。在这个实验中，真被试做出这种跟随性判断时的心理状态就叫作从众心理。

产生从众心理的人，之所以做出与大多数人保持一致的行为或选择，往往是因为他们受到了社会群体的无形压力，以至于在不知不觉间随大流。

相信很多人都听过这样一个故事：

一个人站在马路边抬头看着天，从他身边路过的人都以为天上有什么不同寻常的东西，于是一个接一个地都抬起头望着天空，尽管大家都不知道究竟在看什么。没过多久，路上就站满了人。这时，第一个看天的人低下了头，若无其事地走开了，他身边的那些人也一个接一个低下头默默地走了。后来才知道，第一个抬头看天的人只是流鼻血了而已，他抬起头只是为了止血，并不是在看天上的东西。

在日常生活中，类似的从众心理更是十分常见。有些人看见别人都随地吐痰，于是也跟着随地吐痰；看见别人乱扔垃圾，于是也跟着乱扔垃圾。种种不文明、缺失公德心的行为，往往都是因为受到从众心理的影响。当然，这种不分对错的从众行为，是一种比较盲目的行为，无论对个人还是对社会，都没有任何的好处。

从众行为表现在生活的各个方面，它对人产生的影响确实非常大。了解了从众心理，对于与人相处、改善人际关系具有十分积极的意义。在领导受到追捧的时候，适当地"从众"能够赢得领导的欣赏，为自己的工作铺平道路；在需要学习经验的时候，"从众"能让我们少走弯路。当然，从众心理也有消极的一面，始终跟着别人的脚步，会使人变得缺乏主见，长此以往，人的思想就会被束缚，创造力会变得越来越差。

与人交往时，我们一定要发挥从众心理积极的一面，并且避开从众心理消极的一面。遇到问题的时候，既要综合考虑众人的意见，也要有自己的分析和判断。只有两者兼而有之，并以最佳的状态融合在一起，才能得到众人的认同和欣赏。

帕金森定律：助手"无能"，才不会彰显领导的平庸

现实生活中，我们常常能见到一些"笨得出奇"的助手，每每这时，疑问总会萦绕在我们心头：他们是怎么迷惑领导的眼睛的？实际上，领导心明眼亮，用这样的助手目的是不显出自己的平庸。

在进行了长期的调查研究之后，著名历史学家诺斯古德·帕金森写出了《帕金森定律》一书。在书中，帕金森阐述了社会机构为什么会如此臃肿及臃肿的机构会带来怎样的后果。

对于一个不称职的领导来说，他通常有三个选择：一是选择辞职，将自己的位子让给能力更强的人；二是找一位能力出众的人来辅助自己，提升工作效率；三是选择两个比自己能力更差的人当助手。

通常情况下，第一个选择没人想做，因为这样做的结果就是退居幕后，手中再无实权；第二个选择也不太好，因为能力出众的人会威胁到自己的位子；第三个选择是最好的，两个能力更差的助手不仅不会对自己产生威胁，还能为自己分担工作。

可是，问题的关键在于，两个无能的助手也会像自己的领导一样，选择比自己更差的人作为助手。以此类推，整个机构就变得臃肿异常、人浮于事。由于很多人都是"在其位不谋其政"，这就导致整个机构效率低下。

通过帕金森定律，我们可以知道这样一个道理：一旦不称职的领导长期占据位子，整个机构难免变得庞杂和臃肿，他们在领导的岗位上待得越久，整个机构的效率就越低下。

产生帕金森现象的深层根源，是人们对自己手中权力的危机感。恩格斯说过这样一句话："自从阶级社会产生以来，人的恶劣的情欲、贪欲和权势欲就成为历史发展的杠杆。"作为将社会性和动物性融于一体的复合体——人为了利益而做出某些举动，是非常正常的行为。假如人的权力受到了威胁，那么潜意识就会告诉自己，千万不能丧失已经掌握的权力。这一点，正是帕金森定律能够发挥作用的内在原因。领导为了维护自己的权力，肯定不会轻易将权力让给别人，也不会给自己找一个潜在的对手，所以找两个能力不如自己的人做助手，这是一种自然而然的选择。

有一家私营公司的老板，由于公司规模不断扩大，知名度不断提高，他觉得管理起来有些力不从心，于是想招聘一些人来协助自己。

老板在各种媒体上都发布了招聘信息，前来应聘的人络绎不绝。应聘者中人才众多，老板心想：公司的土地、所有权等都是属于我的，无论谁被录用，他都是给我打工，干得好我就提高他的待遇，干得不好我就把他辞退，不管他怎么努力工作，我始终是公司的老板。经过一番选择之后，老板从中选择了最优秀的应聘者作为自己的助手。因为老板拥有绝对的权力，谁都无法影响他的地位，所以他不会受到帕金森定律的影响。

接下来，公司继续发展，规模继续扩大，经营范围也有所拓展。老板的助手慢慢觉得有些难以应付所有的业务，也需要一名助手来协助自己了。在各种媒体上发布了招聘信息之后，应聘者同样络绎不绝。在诸多人才中，老板看中了两个人：一个是刚刚从名牌大学毕业的研究生，专业知识和理论知识都极为深厚，只是缺乏实际经验；另一个是在职场上摸爬滚打了多年的老将，具有先进的管理理念。老板一时拿不定主意，于是让自己的助手选择。老板的助手经过一番盘算，最终选择了刚刚毕业的研究生。老板的助手担心职场老将会取代自己，所以没有选择他。老板的助手做出这样的选择，并没有从公司的角度出发，而是为了自己的权力，他就明显受到了帕金森定律的影响。

在工作过程中，总会出现这样一种奇怪的现象：能力最强的人，并不一定总能获得提升的机会。很多人认为是领导的判断力出现了问题，以至于看不出到底哪个员工的能力最强。实际恰恰相反，领导非常清楚谁的能力最强，可是为了维护自己的权力，他会有意识地避免他人崭露头角。

刚刚进入新的公司时，千万不要急于表现自己的才能，因为一旦你的风头过盛，难免引起领导的警觉和反感。当领导将你视作威胁的时候，想要进一步获得提升的愿望可能就要泡汤了。注意保持低调，先赢得大家的好感，在和大家打成一片、获得了群众基础之后再展现自己的能力，往往比从一开始就锋芒毕露的效果要好得多。

半途效应：欲望不强，导致半途而废的人比比皆是

生活中有很多半途而废的人，他们有许多宏伟的计划，可是没有一个能够完成；他们有很多放弃的理由，因此人生注定充满失败。扪心自问，你是这样的人吗？

心理学家研究发现，在追求目标的过程中，人们往往会在努力到一半时，对自己是否能够达成目标甚至是目标的意义产生怀疑，此时，人的心理状态通常会变得十分敏感和脆弱，因此很容易出现半途而废的情况。在心理学上，将其称为半途效应。

战国时期，有一个名叫乐羊子的魏国人，他不学无术，一事无成，但是他非常幸运地娶到了一个贤惠、端庄的妻子。在妻子的帮助下，他才走上了光明大道。

有一天，乐羊子在回家的路上捡到了一块金子，他非常高兴，觉得自己捡了个大便宜。到家之后，乐羊子拿出金子向妻子炫耀，并将事情的经过告诉了妻子，可是妻子非但没有为他高兴，还对乐羊子说："我听说过'志士不饮盗泉之水，廉者不受嗟来之食'，何况是捡拾别人的失物、谋求私利来玷污自己的品德呢？"

听完妻子的话后,乐羊子感觉十分羞愧,于是将金子放回了捡到的地方。从这时候起,乐羊子决定发愤图强,不再做一个不学无术的人。

于是在第二年,乐羊子就到离家很远的地方去拜师学艺。

一天,乐羊子的妻子正在家里织布,突然看到乐羊子回来了,她很诧异地问乐羊子:"你这么快就完成学业了?"乐羊子回答:"学业并没完成,只是我每天都很想念你,因此回来看看你。"

听完乐羊子的话,他的妻子十分生气,顺手拿起剪刀将织布机上的布剪成了两半,乐羊子急忙上前阻止,可惜为时已晚。妻子对乐羊子说:"织布机上的布,是我一点一点织出来的,这上面凝结了我的辛勤和汗水,现在我把它剪断,之前所做的那些努力就付诸流水、白白浪费了。你去拜师学艺,可是只学到一半就回来了,这跟我把布剪成两半的道理不是一样的吗?不仅白白浪费了时间和精力,最后的结果还是一事无成!"

听了妻子的话之后,乐羊子恍然大悟,于是马上离开家,继续到很远的地方拜师学艺。此后的几年时间里,乐羊子再也没有产生过回家的想法。几年之后,乐羊子总算学艺有成,这才高兴地回家看望妻子。

乐羊子之所以能够获得成功,主要是因为他的妻子帮他克服了半途效应。在乐羊子准备中途放弃的时候,是妻子的一番话让他大彻大悟,这才有了最后的成功。

半途效应的出现,主要与下面两个因素有关:一是选择的目标是否合理,越是不合理的目标,越容易出现半途效应;二是个人意志力的强弱,意志力越薄弱的人,越容易出现半途效应。

我们都有过这样一种心理体验,当一个目标看起来太大、太宏伟时,心里难免觉得实现起来很难,于是不由自主地出现焦躁、紧张等不良情绪。于是,在我们努力了一段时间之后,就会产生放弃的念头。

汪莉已经在同一个公司、同一个岗位上工作了五年,五年时间里,数次晋升的机会都和她擦肩而过。这让她心生困惑:"难道是我能力不足,才让我至今都没有晋升的机会？可是有些本来能力不如我的人也一步步升到更高的职位了啊！"无奈之下，汪莉找了一名心理咨询师帮自己解开疑惑。

  经过一番交谈和测试之后，心理咨询师发现了汪莉的问题所在：虽然汪莉的工作计划很完美，可是在实际操作过程中她总是半途而废，这不仅让她白白浪费了很多时间，对能力的提升也毫无帮助。

  在我们的身边，肯定也有很多和汪莉相似的人，每天都喊着口号，下决心要取得突出的成绩，但是计划没实施多久，就开始下一个计划，美其名曰"更好的计划"，实际就是为放弃上一个计划找借口而已。如果一直这样半途而废下去，那么非但无法取得成功，人生也会废在半途之中，除了一堆无法完成的计划，什么都剩不下。

心理测试

每个人都会给别人留下与众不同的印象，但是有时候我们留给别人的印象并不一定和我们的真实状态完全一样，你在别人的眼中究竟是个什么样子？请放松一下心情，选择一种你最喜欢的面具，或许就能找到你想要的答案。

A. 蓝紫色的面具

B. 红色的面具

C. 橘色的面具

D. 蓝绿色的面具

结果分析

选择A：你具有比较强烈的自我意识，拥有一个属于自己的世界，通常不会被人玩弄于股掌之间。你会竭尽全力去完成自己的目标，给人充满活力的感觉。你和朋友之间也会撇清关系，而且喜欢单独行动，所以让人觉得你非常神秘。这种神秘感有时会令你充满魅力，有时却会让人对你充满戒备心。由于他人感觉你难以接近，所以很多人更愿意与你保持一定的距离。实际上，你是一个十分温柔的人，可是除了那些与你关系密切的人，很少有人能够注意到你的优点。

选择B：你总会给人乐观向上、热情积极和敢于直面困难的感觉，而且你优雅而温柔，经常设身处地地为别人着想，让人觉得你对维持人际关系非常在行。你给人的感觉是既坚强又脆弱，特别是你对人无比包容的关怀，更加让人觉得你的魅力无法阻挡。你让人觉得你是一个有求必应的人，因此非常容易让人对你产生依赖心理，但是因为不善于拒绝，所以你很容易被人利用。

选择C：你身上时刻散发着自由愉快的气息，就像天真的孩子一样。你出现的场合，氛围都会热烈起来，因此你是聚会的重要一员。尽管你的性格开朗，大部分人都很喜欢你，可是大多数人都觉得无法和你成为关系亲密的朋友。因为大家都觉得你只是善于搞笑，并没有与人进行心灵的交流；还有些人认为你总是捉弄别人，所以不愿意和你成为好友。实际上，你是一个十分稳重老成的人，只是因为极少有人能够了解真实的你，所以你的知己并不多。

选择D：你的意志力十分坚强，不会依赖别人，常常给人留下独来独往的印象。你的好奇心很强，感受非常细腻，是一个十分知性的人。初识时会让人觉得你有些孤高自傲，难以相处，可是经过深入的交谈之后就会发现，你是一个极好相处的人；在感情变得深厚之后，才发现你其实是个十分爽快的人。你的魅力与众不同，所以无论男性还是女性都十分喜爱你。从你的外表来看，你是个十分冷静的人，而实际上你只是将自己的热情隐藏了起来。只有那些真正了解你的人，才能成为你天长地久的朋友。

第九章

把控欲望

把黑暗隐藏起来,畅享脱胎换骨的新生

欲望的黑暗不可避免,
任何不愿承认黑暗的人都将
受到黑暗的惩罚。
勇于承认黑暗,正确认识黑暗,
敢于直面黑暗,才能最终控制黑暗,
让自己畅快享受新生!

延迟满足效应：忍一忍，更大的满足在后面

面对某种诉求和欲望，很多人的选择是"今朝有酒今朝醉"，能够快乐一时就快乐一时。这种迅速的满足确实能快速地填满欲望的沟壑，却忽视了适当延迟或许能令人得到更大的满足。

在发展心理学研究中，有一个十分著名的延迟满足实验。延迟满足效应就是从这个实验中发展而来的。

在实验中，实验员拿出一些非常好吃的糖果，给一些四岁的小朋友每人分发一颗。实验员告诉小朋友们："你们可以把糖吃掉，假如立刻就吃的话，那只能吃你们手里的这一颗；假如你们等上二十分钟，那么就能吃到两颗。"有些孩子迫不及待，立刻将手中的糖果吃掉了。有些孩子则愿意等上二十分钟，尽管这二十分钟对他们来说似乎遥遥无期。为了控制住自己，这些孩子想办法分散自己的注意力，或是闭眼不去看糖，或是唱歌、跳舞，或是选择睡觉，漫长的等待之后，他们最终吃到了两颗糖果。

这个实验并没有就此停止，十几年之后，研究人员再次对当年参加实验的被试进行了考察。研究发现，那些在四岁时就能为了吃到两颗糖而等待二十分钟的被试，在青少年时期的适应能力和独立精神相对较强，自信心很足，通常

会受人欢迎和喜爱；那些迫不及待地将糖果吃掉的被试，则表现出固执、自卑的一面，而且面对压力的时候通常会选择逃避。

又过了十几年，研究人员再次对这些被试进行了考察。结果发现，那些能够做到延迟满足的被试不仅学习成绩更好，而且在事业上也更容易获得成功。

这个实验表明：能够在缺乏外界监督的情况下，对自己的行为进行适度的调控并坚持不懈地追求自己的目标的人，通常具有较强的自控能力，这种人更容易在各方面取得更大的成功。

逛商场的时候，在看到自己喜欢的衣服或鞋子之后，很多人会毫不犹豫地选择立刻买下来，以此满足自己的爱美欲望。可是拿回家之后，大部分人都会觉得后悔，不该一时冲动买了那么多一时用不上的东西。如果能够克制一下，回家之后再细细思考一下，或许就不想买了；即便真的还想买，在网上看一下，或许能节省不少钱。

冲动性的消费大多并非因为真心喜欢，而是在一瞬间受到了欲望和情绪的左右，出现了头脑发热的情况。当你想买一样东西的时候，先让自己冷静下来，认真地想一想，自己是不是真的想买那样东西。经过几天的"冷处理"之后，如果你还是非常想买，那时再采取行动，你后悔的概率就会低很多。此时，你因真心喜爱所得到的满足，比一瞬间得到的满足要大出很多倍。

当欲望来临的时候，很少有人能够抵挡住它的诱惑，很多人希望能够立刻体验到满足和快乐，即便这样做会透支自己的未来。关于这一点，使用信用卡消费就是一个十分典型的例子。很多人都有使用信用卡的习惯，因为出门时即便没带钱，也能用信用卡消费。这种消费方式确实在一定程度上满足了人们的消费欲望，使人们得到了购物的快感。但是，很多人并不清楚自己到底用信用卡消费了多少，这在无形中增加了超限消费的可能性。信用卡上透支的金钱需要人们在未来的一段时间内偿还，这无疑给人们未来的生活带来了一定的影响和负担。

对此，在出门的时候，你可以试着把信用卡扔在家里，只带少量的零钱出门，这样你就不会出现冲动消费的情况。这种方式能够逐渐培养你的延迟满足能力。当你能够自主地将满足欲望的渴望延迟时，你就能收获更多的快乐。要知道，延迟满足并不是要求我们拒绝快乐，而是帮助我们建立起短期快乐和长期收获之间的平衡，进而收获更加快乐和幸福的生活。

鸟笼逻辑：惯性思维作祟，令欲望支配行为

在惯性思维的牢笼里待久了，头脑就会变得僵化，反应也会变得迟钝，更不要说产生创造性的想法了。更有甚者，某些无用的欲望会冒出头来，在不知不觉间支配人的行为。

鸟笼逻辑是人类最难以抗拒的心理之一，它源自一个有趣的故事。

1907年，著名的心理学家詹姆斯和他的好友物理学家卡尔森一道结束了教师生涯，双双从哈佛大学退休了。

一天，詹姆斯对卡尔森说道："老朋友，咱们打个赌吧，我敢保证，用不了多久就能让你养上一只鸟。"

卡尔森觉得有些不可思议："不可能！我从未想过要养鸟，恐怕你要输掉这场赌局。"

几天之后，正好是卡尔森的生日，于是詹姆斯送了一个漂亮的鸟笼作为礼物。卡尔森十分高兴地接受了礼物，并将鸟笼当作工艺品挂在了房间里。

出人意料的是，此后有客人前来拜访，只要看到房间里挂着的空鸟笼，都会向卡尔森提出一个相同的问题："教授，您养的鸟怎么死了？"

听到这个问题，卡尔森只好一次又一次地向客人解释："我从来都没养过

鸟，这个笼子是朋友送的一个礼物。"

客人们听到卡尔森的回答之后，总是露出一种不可思议的表情，好像在说"我知道你很伤心，但是鸟死不能复生，没有必要逃避现实"，然后说很多话来安慰卡尔森。

慢慢地，卡尔森不仅对回答客人的问题产生了厌烦感，同时也产生了"鸟笼里应该有只鸟"的想法，于是，他买回一只鸟放进了鸟笼里。他的心这才彻底平静下来，再也不用为客人们的问题而烦恼了。

最终，詹姆斯的预言变成了现实，鸟笼发挥出极大的功效。实际上，鸟笼逻辑产生的原因十分简单：在大多数时候，人们都以惯性思维来思考问题。看到空的鸟笼，自然就会想到鸟；鸟不在笼子里，自然就会想到鸟死了。在这种惯性思维的影响下，卡尔森的心理感受到了一定的压力，为了消除压力对自己的影响，他只好买回一只鸟与鸟笼相配。

在生活中，我们总能见到一些被鸟笼逻辑影响了的人。

杨震刚刚参加工作不久，领了第一个月的工资之后，他决定给自己买一双好一点的皮鞋充充面子。

第二天，杨震穿着新买的皮鞋去上班。同事们看到他的新皮鞋，全都赞不绝口，杨震心里别提多高兴了。正高兴着，他的好朋友说："皮鞋挺好，就是你这身衣服跟皮鞋不太配啊！"听到这句话，杨震赶紧到镜子前面照了照，还别说，真是不太搭配，而且越看越不搭配。于是，杨震将新皮鞋收了起来。第二个月发完工资，杨震立刻穿上搁置了一个月的新皮鞋，到商场买了一身和皮鞋搭配的衣服。

接下来的一段时间里，杨震分别买了皮包、皮带、衬衫、领带、帽子、袜子，甚至去设计了新的发型。本来他只想买一双皮鞋，没想到为了让别人看着顺眼，额外又花了那么多钱。

其实，有些东西杨震并不需要，他只是在惯性思维的影响下不得已而为之。

在生活中，还有很多现象能够说明人们受到了惯性思维的支配。比如，结婚先要有房，大人的话小孩都要听，权威不可否定，等等。每一个不同的时代背景下，都要有新的观点和思维与之适应，如果总用传统的思维方式来指导现在的生活，难免会出现一些矛盾。很多改革措施之所以难以推进，正是由于受到惯性思维的影响和阻挠。只有勇敢地冲破这些阻挠，生命才会变得更精彩，人生才能闪耀更加美丽的光芒。

晕轮效应：关注闪光点，其他全忽略

> 因为"晕轮"这一点的美丽，就认定整体也是美丽的，这种看法实在有些愚蠢。可是在实践中，偏偏有很多人被"晕轮"迷住了眼睛，被人欺骗了还不自知。

所谓的晕轮效应，指的是在人际交往的过程中，某个人身上具有的某种特征将其他的特征遮掩了起来，使得其他人对这个人产生了认知方面的障碍。例如，某个年轻人平日里总是好吃懒做，大家就认定这个年轻人什么优点都没有，即便这个年轻人见义勇为，大家也不会相信；有些女生长得非常漂亮，某些人就会觉得她们非常完美，如同女神一般。这种情况就像大风天气前夜时，月亮四周会出现圆环（月晕）一样。其实，圆环只是扩大化的月光而已。基于此，美国心理学家爱德华·桑戴克为这种心理现象起了一个美丽而恰当的名字——晕轮效应。

在生活实践中，晕轮效应对我们的影响很大，在我们对别人进行评价时尤其常见。实际上，晕轮效应只是一种心理臆测，充满了主观色彩。它的错误表现在以下三个方面：

（1）它抓住的往往只是事物的个别特征，跟盲人摸象的故事一样，以偏概全。

（2）它将一些并没有内在联系的特征强行联系在一起，从而推断出有某些特征肯定就具备另外一些特征。

（3）它认同的东西就会全部肯定，不认同的东西就会全部否定，在评价的时候带有极端的色彩，极大地受到主观意愿的影响。

总而言之，晕轮效应在人际交往中会对人的心理产生极大的影响，在交往过程中需要尽力克服。

俄国大文豪普希金对"莫斯科第一美人"娜坦丽产生了十分炽热的爱情，两个人交往之后最终走进了婚姻的殿堂。娜坦丽虽然天生丽质，可是和普希金并没有什么共同语言。普希金每次写完诗都要念给娜坦丽听，可是娜坦丽总是捂着耳朵说："我不听！我不听！"反过来，娜坦丽经常让普希金陪着她到处游玩，参加一些奢华的晚宴、舞会等。为了满足娜坦丽的要求，普希金只好停止自己的创作，结果身负巨额债务，日子过得贫困潦倒。最后，普希金为了娜坦丽进行决斗，最终不幸身亡，致使一颗文学巨星早早地陨落。

普希金被娜坦丽的美丽容貌吸引，却没有注意到她身上的那些缺点，也没有仔细考虑两个人是否真的适合在一起生活。他因为晕轮效应而吃了很多的苦头，最终的结局令人扼腕叹息。

俗话说"人不可貌相，海水不可斗量"，以貌取人是十分不可取的做法。可是，很多事情都是说起来容易做起来难，许多人虽然深知其中的道理，但是在判断一个人的时候难免会受到对方外貌的影响。从心理学的角度来说，人们其实就是受到了晕轮效应的影响。

晕轮效应不仅仅表现在以貌取人这一个方面上，在通过衣服来判断地位、通过讲话来判断人性方面，晕轮效应也时常发挥作用。尤其是对陌生人进行评价时，晕轮效应会有更加明显的体现。

从认知的角度上说，晕轮效应与盲人摸象的道理是一样的，都是一种十分片面的判断。在晕轮效应的影响下，我们对人的认知并不充分，做出的判断也会有失偏颇。所以，在与人交往时，我们应该时刻告诫自己，不能轻易受到晕轮效应的影响，以免掉进晕轮效应的陷阱。

在实际交往中，我们时常也能遇到一些利用晕轮效应的人。在初次见面时，他们会充分展现自己的闪光点，而刻意规避自己的不足，由此让人对他们产生良好的印象，为日后的交往打下坚实的基础。

与人交往时，一定要充分考虑晕轮效应的影响，通过合理地理解和运用晕轮效应，拓宽和延展自己的交际之路，在人生的舞台上展现更加完美的自己，获得更多的鲜花和掌声。

布里丹毛驴效应：学会取舍，鱼和熊掌不可兼得

生命中充满抉择，每个人都想选择对自己最有利的那个选项。于是犹豫、思考，在斟酌中看着机会一个个溜走。后悔吗？当然！有用吗？没有！懂得取舍，尽快选择，机会才能变成真正的机会。

布里丹是一名大学教授，他之所以出名，据说是因为他证明了在两种相反且完全平衡的推力作用下，人们是不可能随意行动的。关于这一点，他举了一个驴选择草料的例子：

布里丹家里养着一头健壮的毛驴，他每天都到农民那里买一堆草料喂驴。

一天，农民将草料送到布里丹家里，而且出于对他的仰慕，另外送了一堆草料给他。两堆草料都被放在毛驴身边，这一下可让毛驴犯了难。面对两堆从数量到质量甚至是与它的距离都相差无几的草料，毛驴左右为难。尽管它十分自由，完全可以自主地选择一堆草料，可是由于从外观上无法辨别草料的好坏，毛驴只好看看这堆，瞅瞅那堆，始终难以决定究竟要选哪一堆。

于是，这头可怜的毛驴只能一直站在两堆草料之间，时而考虑数量，时而考虑质量，时而观察颜色，时而分析哪个新鲜，它就这样反反复复、犹豫不决，最终在不知所措中活活饿死了。

布里丹的毛驴之所以遭受死亡的厄运，就是因为两堆草料它都舍不得放弃，不知道应该做出怎样的决定。这种在做决定时迟疑不决、犹犹豫豫的现象，就被称为布里丹毛驴效应。

俗话说"鱼和熊掌不可兼得"，如果想要鱼和熊掌兼而得之，最可能的结果就是鱼和熊掌一样都得不到。

刘宏是一名销售员，在公司工作了三年之后，公司给了他两种选择：一是继续磨炼三个月，然后竞聘副总经理；二是到国外考察学习，一年之后回国，直接做总经理。

面对这两个不同的机会，刘宏的大脑中进行了激烈的思想斗争。选择三个月之后竞聘副总经理，等待的时间较短，可是职位不是很高，还有竞聘失败的可能；选择出国考察学习，回国之后职位很理想，可是自己的学习能力有限，万一在这个过程中暴露出缺点，可能连副总经理都当不上。

刘宏左右为难，不知道应该怎么选择。转眼之间，公司要求的最后期限马上就要到了，刘宏却依然没有做出选择。万般无奈之下，公司领导只能视刘宏主动放弃了这个机会。刘宏总想做出一个更有利于自己发展的选择，可是到最后连选择的机会都没有了。

上例中刘宏的做法看似追求尽善尽美，能够得到完美的结果，实际上是浪费宝贵的机会和美好的生命。在应该做决定的时候，就应该积极、勇敢地做出决定。如果想把所有的好事都揽到自己身上，那让别人怎么办呢？

在生活中，每个人都要面临各种各样的选择，而做出怎样的选择对于人生的成败有着十分重大的影响。在这种情况下，每个人都希望做出最佳的决定，所以出现反复斟酌、犹豫再三、举棋不定等情况，这些都是可以理解的。然而，在大多数情况下，机会总是稍纵即逝的，并没有多少时间留给我们去仔细斟酌。而且，一个人一生中或许只有那么几个十分重要的机会，一旦失去，就再也找不回来了。所以说，面对机会的时候，我们更需要当机立断，马上做出决定。否则，机会就会在犹豫不决中悄悄溜走，留给我们的只有一声叹息而已！

近因效应：无关偏见，关乎短时记忆

新近获得的坏印象，有时能够遮盖之前所有的美好，如果盲目地以此作为判断人或事的依据，那么结果一定是偏颇的、不准确的。漫漫的人生旅途中，切忌只看眼前，而要长期综合考虑。

所谓"近因"，指的是个体新近获得的信息。在人们识记一系列事物时，往往对末尾部分的记忆比较清晰，而对中间部分的记忆相对模糊，这种现象就是人们常说的近因效应。

在识记的过程中，得到前后两部分信息的时间间隔越长，近因效应越明显。这是因为之前识记的信息已经逐渐变得模糊，而近期获得的信息在短时间内仍保持清晰的印象。

心理学家的观点是，在识记了一系列的事物并进行回忆时，对该系列中的最后一部分内容的回忆与识记相距的时间是最短的，所以更容易从短时记忆中提取出来。

美国心理学家卢钦斯通过编撰两段文字的方法对首因效应进行过研究，他编撰的文字与一个名叫吉姆的男孩的生活片段有关。

在第一段文字中，他将吉姆描写成一个热情而开朗的人；另一段文字则完全相反，他将吉姆描写成一个冷漠而内向的人。随后，他将这两段文字以不同的方式进行展现：第一种方式是，将描写吉姆热情开朗的文字放在前面，冷漠内向的文字放在后面；第二种方式是，将描写吉姆冷漠内向的文字放在前面，将热情开朗的文字放在后面；第三种方式是，只展现描写吉姆热情开朗的文字；第四种方式是，只展现描写吉姆冷漠内向的文字。

随后，卢钦斯请来四组被试，让他们分别阅读四组文字中的一组，然后回答同一个问题："吉姆是一个怎样的人？"结果发现，第一组中八成左右的被试认为吉姆是友好的，第二组中只有两成左右的被试认为吉姆是友好的，第三组中九成以上的被试认为吉姆是友好的，第四组中只有不到半成的被试认为吉姆是友好的。

实验进行到这里，说明了人们在接受少量信息的时候，先呈现的内容更容易对人产生影响。

卢钦斯继续进行实验，在被试阅读到一半的时候，他让被试参加一些活动，如做游戏、讲故事等，然后让被试继续读完剩下的文字。这时候，大多数的被试会根据活动之后得到的信息来判断吉姆是一个怎样的人。

从后续实验中可以看出，在信息较多、接受信息过程较长时，最后获取的信息对被试的影响更大一些。在形成印象的过程中，当吸引人的信息不断出现，或是之前的印象变得模糊时，新近获取的信息就会发生比较大的作用，这时就会发生近因效应。

在现实生活中，近因效应是非常普遍的一种心理现象。

赵鹏和汪强小学就是同学，从那时起两个人就是非常要好的朋友，彼此之间非常了解。可是前一段时间，赵鹏的家中发生了一些变故，所以他的情绪变得很不好，经常冲着汪强发火，这让汪强的心中很不高兴。一个偶然的情况下，赵鹏被卷进了一起刑事案件。这让汪强觉得赵鹏此前一直在欺骗自己，于是直接和他断交。

汪强的这种表现，充分表明了近因效应的危害。

朋友之间之所以出现负面的近因效应，大部分是因为在交往的过程中出现了与自己的愿望相违背的情况，当自己的愿望无法实现，或是感觉自己的善意被误解时，人的情绪会变得冲动，在冲动的状态下，人们控制自己的行为及理解事物的能力都会有所降低，非常容易说错话、做错事，产生非常不好的后果。

近因效应使得人们更加看重新近的信息，却忽视了之前那些信息的参考价值，以至于无法全面而客观地对问题做出判断。近因效应令我们只是根据较少的信息去评判一个人或是一段人际关系，将历史和现实、现象和本质完全割裂开来，妨碍了我们客观地看待事实，严重妨碍我们对人进行准确的判断。

在人际交往中，我们常常会受到近因效应的影响，因而做出错误的判断。所以，面对长期的朋友或伙伴，我们不能以一件事去判断他，而应该用长期的眼光去综合看待他，这样才能避免因一时冲动而做出错误的决定。

破窗效应：坚决抵制和惩处第一个"打破窗户"的人

好好的窗户没人会去破坏，坏掉的窗户却会被越来越多的人破坏。第一个打破窗户的人是造成这种情况的罪魁祸首，一定要严加惩处、以儆效尤！

破窗效应是心理学上的一个重要理论，最初由詹姆士·威尔逊和乔治·凯林提出。这个理论认为，如果放任环境中的不良现象存在，就会使人们争相效仿，甚至变本加厉。

以一栋旧楼房为例，楼房的窗户玻璃完好无损时，很少有人想要将玻璃打碎。有一天，一个人无意间打碎了一扇窗户玻璃，如果不及时将玻璃修好的话，就会引来更多的人对窗户进行破坏。窗户全部被破坏之后，那些人就会进入楼房，继续各种破坏行为。

再比如，一面干净的墙上，一旦出现一些涂鸦，又没人及时进行清理的话，那么很快就会出现更多的涂鸦，最终使墙面变得不堪入目、一片狼藉；一条干净的街道，如果出现一些垃圾而没人及时处理，用不了多久，整个街道都会变得脏乱无比；等公交车时，只要有人加塞儿不被制止，那么就会有更多的人选择加塞儿……

这就告诉我们一个显而易见的道理，任何不良的行为，假如在它刚刚开始时没有被禁止，一旦形成不良的风气，再想禁止就没有那么容易了。就像千里河堤上有一个蚁穴，并没有引起人们的注意，结果蚁穴越来越多，河堤的土越来越松，最后，就会酿成"千里之堤，溃于蚁穴"的惨剧，造成难以弥补的巨大损失。

在生活中，我们常常会有这样的感受：在桌子上放些钱，然后将房门打开，可能让好人变成小偷；对于违反公司规定的员工，如果没有及时进行批评和处罚，就会导致更多的员工开始违反规定；食堂里浪费粮食的情况时有发生，假如不去制止，浪费之风就会越发猛烈；等等。

有一家拥有几十名员工的建筑公司，公司明文规定进入施工现场必须佩戴安全帽，一旦发现违反规定的现象，每次罚款五十元，如果屡教不改，就会加倍罚款甚至可以直接辞退。

有那么几个人因为各种原因忘记佩戴安全帽，公司考虑到他们并非故意，于是没有按照规定进行处罚。可是，随着时间的推移，越来越多的人都"忘记"了佩戴安全帽这件事。公司的规定就像一纸空文，变得毫无约束力了。直到有一天，一个员工因为没有佩戴安全帽而被砸伤，公司领导才重新意识到安全帽的重要性。

如果刚刚发现违规现象的时候就对员工按照规定进行处罚，想必就不会出现员工被砸伤的惨剧。可以说，这起惨剧的根源在于没有依规行事，没让第一个"打破窗户"的人接受应有的惩罚。

"第一扇破窗"通常是事情恶化的根源，这种现象随处可见。看到"第一扇破窗"，我们常常会暗示自己：窗户已经破了，我再打破几扇也没有什么关系。有了这样的想法，我们就会放松对自己的要求，于是，随手扔垃圾、大声喧哗、乱涂乱画等一系列不文明的行为便随之而来，从而导致我们和文明、公德的距离越来越远。

很多人会为自己的行为找借口，如"地上已经脏了，我再扔点垃圾也没什么""大家都在吵，我怎么就不能吵"之类的托词，只能说明很多人并没有意识到自己心理方面的黑暗。实际上，人与环境、人与人之间都是相互依托的，很多人都只顾着抱怨环境，抱怨别人，抱怨社会的阴暗，却从没反思过自己的行为对环境、对别人会产生什么影响。

我们不该做第二个、第三个甚至第N个"打破窗户"的人，而该做第一个修复"破窗"的那个人。有时，我们确实很难决定别人的想法或是改变所处的环境，但是，我们可以下定决心，绝对不做第一个"打破窗户"的人。

心理定式：揉碎固有观念，发现更多可能

<u>固有的思维和想法，会将你束缚在历史的牢笼里，无法迈出走向未来的那一步。想要具有创造性的思维，获得创造性的成果，必须驱逐自己的心理定式，让自己看到未来的无限可能。</u>

苏联一位心理学家做过一个十分经典的实验，来验证心理定式。

实验员拿出同一张照片，分别出示给自愿参加实验的两组被试。

在出示照片的同时，实验员对第一组被试介绍道："这是一个十恶不赦的罪犯。"对第二组被试的介绍则是："这个人是一位著名的科学家。"

之后，实验员让两组被试分别用文字来描述一下照片上的那个人的样貌。

第一组被试的描述是这样的：他的眼睛深深凹陷，说明他是一个十分狡诈的人；他的下巴非常突出，表明他会在犯罪的道路上继续顽抗到底……

第二组被试的描述是这样的：他的眼睛深深凹陷，说明他的思想深邃；他的下巴非常突出，表明他拥有顽强的意志，不会在求知的道路上轻易认输……

很难想象，对于同一个人，两组被试的评价竟然有着天壤之别！之所以出现如此大的差距，只是因为他们之前得到的关于此人的身份信息不同而已。从

中可以看出，心理定式对人们的认知具有十分巨大的影响！

心理定式又被称为心向，是指主体对某种活动产生的准备状态或是行为倾向，一般很难被主体意识到。具体说来，就是人们当前从事的活动，常常会受到以前从事过的活动的影响，倾向于带着之前活动的特点。心理定式不仅会影响人们的认知，对人们的记忆也会产生影响。在日常生活中，心理定式能够帮助人们按照之前的经验轻松地解决问题，但是也会阻碍人们的创造性。

有这样一个十分经典的实验：

实验员将几只蜜蜂和数量一样的苍蝇装到一个玻璃瓶中，然后将瓶子平放，瓶底对着窗口。结果，几只蜜蜂始终在瓶底寻找出口，一直到筋疲力尽或是饿死也没能飞出瓶子；而苍蝇则在很短的时间内，从瓶口一一飞走了。

蜜蜂认为"有光亮的地方就有出口"，自以为是地将出口设定在瓶底，并不断地重复自认为符合逻辑的行动，由于受到心理定式的影响，最终只能接受死亡的命运；而苍蝇对光亮并没有所谓的定式，于是四处乱撞，反而找到了逃脱的出口。

从某种程度上说，心理定式能够帮助我们在从事某些工作时节约一些时间和精力，可是它也束缚着我们的思想，让我们只能采用常规方法去处理问题。心理定式不仅在思考和解决问题时出现，在与人交往的过程中同样也会展现它的影响力。

当别人向你介绍一个颇受欢迎的人时，你是不是会心生乐意，想要与之进一步交往？如果别人介绍给你的是一个口碑很差的人，你的心中是不是也会生出反感，不愿和他多说一句话？其实你并不认识对方，对他也没有过多的了解，仅仅因为舆论的评价，你就给对方下了定义，这是因为你受到了心理定式的影响。

许多人都经历过这样的事情：当你感觉口渴，想要喝水的时候，总是用很大的力气将水壶提起来，可是有时候水壶里并没有水，结果你将水壶提得很高。之所以出现这种情况，是因为你有了心理定式。你觉得水壶里应该有很多水，于是用足以将水壶提起的力量去提水壶，可是水壶里并没有水，这就使得你付出的力量过大，自然而然地将水壶提得很高。

  在社会化的过程中，人们不仅仅获得了知识和经验，也逐渐养成了某种生活习惯、处事方式及性格倾向等，这些都可以被称作定式。当我们面对相同的场景或事情时，定式总会在不知不觉间影响我们的判断。面对这种情况，我们应该时刻保持冷静，尽量抛开以往的观念，以客观的态度去分析眼前的情况，这样做出的判断才能更加准确。

投射效应：在小人眼里，所有人都是小人

每个人的心灵都是一面明亮的镜子，你觉得别人卑鄙，恰恰反射出你自己的卑鄙。小人总喜欢"度君子之腹"，坏人总觉得别人要谋害自己，这都是本性使然，很难有所改变。

所谓投射效应，指的是在人际交往的过程中，人们总是根据自己的情况去评判他人，总觉得自己有什么特征，其他人一定也具有和自己相似的特征，因此将自己的特征、意志及感情投射到其他人身上，而且不管真实情况如何就强加在别人身上，最终导致自己产生认知方面的障碍。通常情况下，投射效应有以下两种类型：

第一种是指个人并没有注意到自己身上的一些特性，而将这些特性投射到他人身上。比如，一个学生对自己的同学怀有敌意，他就总会感觉同学对自己有敌意，仿佛对方的一举一动都带着挑衅的意味。

第二种是指个人意识到自己的某些不称心的特性，而把这些特性投射到他人身上。这种投射通常会投射在自己尊重、崇敬的人身上，其中的逻辑是，虽然那些人有这些特性，但他们具有光辉的形象，那我有这些特性又有什么关系呢？

关于投射效应，心理学家罗斯做过这样一个实验：

罗斯找来80名大学生，向他们提出问题："你们愿不愿意背着一大块广告牌或是宣传牌，在学校里到处走动一下？"结果，有48名大学生愿意做这样的事，32名大学生则对这件事表示反对。罗斯进一步了解他们的想法，愿意做的48名学生表示他们觉得这件事情大多数人都会愿意做，而反对的32名学生则感觉根本没人会做这样的蠢事。

这些参加实验的学生并不知道别人的选择，只是不知不觉地将自己对待这件事情的态度转嫁到其他学生的身上，完全没有考虑其他学生的感受。这个实验的结果，很好地印证了投射效应的存在。

我们常常把自己的价值观和行为准则作为衡量别人的标准，当别人和自己保持一致时，那他就是对的；一旦与自己有所不同，就认定是别人犯下了错误。实际上，我们的价值观和行为准则也有不对的时候，以此来要求别人，这本身就是一种错误，我们只是陷入自以为是的泥潭里无法自拔而已。

在评价别人的时候，人们常常受到投射效应的影响，这会对人际关系产生不好的影响。宋代文学家苏东坡也因投射效应吃过亏。

苏东坡和佛印和尚的关系很好，有一次，苏东坡去拜访佛印和尚，他开玩笑地对佛印和尚说："在我眼里你是一堆狗屎。"佛印和尚不但没有生气，反而微笑着回应道："在我眼里你是一尊金佛。"苏东坡觉得自己占了便宜，扬扬得意地回家了。到家之后，苏东坡向妹妹炫耀这件事，妹妹却说："哥，你吃亏了。佛语有云'佛心自现'，对方在你眼里是什么，你自己就是什么。"苏东坡这才认识到自己确实有些自以为是，佛印和尚比自己高明多了。从此，他对佛印和尚更加敬重了。

一般情况下，投射效应会让人对他人做出错误的评价，进而影响彼此之间的人际关系，对于交往活动来说，它的存在是非常危险的。在与人交往时，我们一定要时刻提醒自己，尽量避免投射效应对自己产生影响，用相对客观、真实的态度去评价他人。

心理测试

每个人的心里都有一个黑匣子,这个黑匣子里藏着自己最害怕的东西。保护自己是人的天性,谁也不想将自己的弱点展现在别人的面前。那么,你知道自己内心最害怕的是什么吗?下面的测试将告诉你答案。

假如女巫赠予了你一个神兽,你会选择下面哪个呢?

A. 喷火龙

B. 蜥蜴人

C. 独角兽

D. 南瓜兽

结果分析

选择A:接踵而来的坏消息。你一直都是一个过得一帆风顺的人,所以突如其来的失败会让你变得消沉不已。假如是一连串的坏消息,心里再怎么积极向上、阳光健康的你也会无法承受。你会在一段时间内觉得自己处于倒霉状态,久久不能释怀,越往坏处想,做错的事情就越多,以至于倒霉事像滚雪球一样越来越大。

选择B:工作上的烦恼。平日最让你感到不安、压力大的就是工作了,认真看待工作的你总觉得职场上有太多不可知因素,一旦遇到你无法掌握、控制的状况，你就必须做紧急应对，因此而倍感压力大、责任重，于是烦躁郁闷由此而生。你只求平安无事地度过每一天，然后期待着发薪日，过着这样安然无事的日子就足矣了。

　　选择C：感情的纠结。重感情的你总是会因为情感上的问题而烦恼，不论是爱情里的争吵，还是友情上的分歧，或者是亲情中的不理解，都让你辗转反侧、烦躁郁闷。感情是世界上最难解的习题了，面对感情世界的多种面貌与其中的暗潮汹涌，你总觉得束手无策。只有有一个知己作为军师为你出谋划策，你才会觉得有些安心。

　　选择D：现实的生活。你是一个爱幻想、向往美好的人，和谐而美好的世界才是你所渴望的，但是现实生活往往不如你意，黑暗、残酷、烦琐的现实常常让你有找一个虚拟世界躲起来的想法。你总是通过自我幻想来给自己一个精神支柱，做一些不切实际的梦想，一旦梦想破灭了，你又不得不面对毫无乐趣的现实。